Taschenbücher für die Wirtschaft
Band 67

Mobbing, Bullying, Bossing
Treibjagd am Arbeitsplatz

Erkennen, Beeinflussen und Vermeiden systematischer Feindseligkeiten

von

Dr. Ralf D. Brinkmann
Korb

Mit 18 Abbildungen und Tabellen

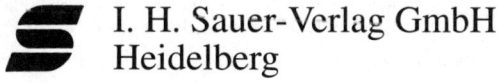

I. H. Sauer-Verlag GmbH
Heidelberg

Die Deutsche Bibliothek – CIP-Einheitsaufnahme

Brinkmann, Ralf D.:
Mobbing, Bullying, Bossing – Treibjagd am Arbeitsplatz: Erkennen, Beeinflussen und Vermeiden systematischer Feindseligkeiten; mit Tabellen / von Ralf D. Brinkmann. – Heidelberg: Sauer, 1995

(Taschenbücher für die Wirtschaft; Bd. 67)
ISBN 3-7938-7133-9

NE: GT

ISBN 3-7938-7133-9

Datenkonvertierung: HVA Grafische Betriebe, 69117 Heidelberg

Druck und Verarbeitung: Wilhelm & Adam, Werbe- und Verlagsdruck GmbH, 63150 Heusenstamm

Umschlagentwurf: Horst König, 67067 Ludwigshafen

∞ Gedruckt auf säurefreiem, alterungsbeständigem Papier, hergestellt aus chlorfrei gebleichtem Zellstoff (TCF-Norm)

Printed in Germany

Inhaltsverzeichnis

Ein Mensch erlebt den krassen Fall,
Es menschelt deutlich überall –
Und trotzdem merkt man, weit und breit
oft nicht die Spur von Menschlichkeit.

Eugen Roth

1. Mobbing, Bullying und Bossing – alter Wein in neuen Schläuchen?

Schikanen und Psychoterror in der Arbeitswelt hat es schon immer gegeben. Auch wurde die Thematik im Zusammenhang mit Untersuchungen zur Arbeitszufriedenheit seit Beginn dieses Jahrhunderts immer wieder aufgenommen, wenngleich aus anderen Blickwinkeln (*Roethlisberger* u. *Dickson*, 1956). *Mobbing, Bullying und Bossing* – also nur neue Worte für einen Sachverhalt, der so alt wie die Arbeit an sich ist? Intrigen und Feindseligkeiten, gab es die nicht schon immer dort, wo Menschen täglich viele Stunden miteinander verbringen müssen?

Empirische Daten zu systematischen Anfeindungen am Arbeitsplatz und den Folgen, insbesondere durch den Sozialpsychologen *Heinz Leymann* in Schweden erhoben, haben dem Thema zu stärkerer Publizität verholfen und eine gewisse Datenbasis geschaffen. Diese wird zwar von einigen Seiten aus methodischer Sicht kritisiert (*Neuberger*, 1994), stellt aber einen unbestreitbaren Verdienst des aus Niedersachsen stammenden schwedischen Psychologen dar. Auch sind Unternehmer mobilisiert worden, die die Verluste durch Mobbing, Bullying und Bossing in ihren Unternehmungen zwischenzeitlich erkennen. Mitarbeiter die hauptsächlich damit beschäftigt sind, ihre Energie für das Schikanieren von Kollegen, Vorgesetzten oder Untergebenen einzusetzen, oder die versuchen, sich dagegen zur Wehr zu setzen, können sich zwangsläufig nicht mehr voll für die Interessen des Betriebes einsetzen. Neuere Daten zu Mobbing und den verwandten Konzepten Bullying und Bossing liegen von *Niedl* (1995) vor und bestätigen die Arbeiten von *Leymann*.

Kritische Autoren wie etwa *Neuberger* (1994), die zu Recht Unzulänglichkeiten des Konzeptes „Mobbing" kritisieren, betonen allerdings auch den praktischen Nutzen, den das Thematisieren von „Mobbing als grausames Spiel" für das Verstehen der ihm innewohnenden Vorgänge birgt.

All diese Aspekte lassen den Psychoterror am Arbeitsplatz im Vergleich zu den Jahrzehnten davor in einem anderen Licht erscheinen und rechtfertigen es, sich mit dem Problem „Schikane am Arbeitsplatz" unter neuen Prämissen auseinanderzusetzen.

1.1 Was unterscheidet Mobbing, Bullying und Bossing vom alltäglichen beruflichen Ärger?

Uns allen ist der tägliche Ärger bekannt, mit dem wir im Berufsleben konfrontiert werden. Ärger mit Kollegen, Kunden oder dem Chef sind derartige Situationen, mit denen jeder Mensch anders umgeht. Der eine frißt diesen Ärger in sich hinein und läuft damit Gefahr, psychosomatisch krank zu werden, der andere läßt ihn raus, was sich auf das Verhältnis zu seiner sozialen Umwelt negativ auswirken kann. Wiederum schaffen es auch etliche, ihren Ärger rückzukoppeln und damit konfliktvermeidend zu wirken, indem sie die Ärger-Verursacher daraufhin ansprechen.

Von Mobbing, Bullying und Bossing kann im Zusammenhang mit diesen Reaktionen jedoch noch nicht gesprochen werden. Auch nicht, wenn in der Organisation als legitim angesehene „Spielzüge" von Kollegen oder Vorgesetzten eingesetzt werden. Dies geschähe z. B. dann, wenn zwei rivalisierende Mitarbeiter versuchten, sich in der Selbstdarstellung zu übertrumpfen, um die Gunst des Vorgesetzten zu gewinnen.

Das gleiche gilt, wenn zwischen Mitarbeitern die „Chemie" nicht stimmt, sich beide also nicht sympathisch finden und daher nur auf fachlicher Ebene kommunizieren.

Spannungen oder Konflikte der geschilderten Art sind in jedem Betrieb zu finden, da Unternehmen dynamische und nach außen offene soziale Systeme sind. Harmonie würde in einem solchen System Stillstand bedeuten. Daher sind spannungsgeladene Situationen am Arbeitsplatz, ein böses Wort aus Verärgerung oder ein Streit zwischen Kollegen noch lange kein Mobbing, Bullying oder Bossing.

Kennzeichnend für systematische Anfeindungen und damit vom Ärgerbegriff abzugrenzen ist das Opfer, das im Zentrum steht. Dieses Opfer, ob KollegIn oder Vorgesetzter, ist regelmäßigen Attacken über Monate, oft sogar über Jahre hinweg ausgesetzt. Dies geschieht manchmal bis zum psychischen und physischen Zusammenbruch. Im Unterschied zu Situationen, die Ärger erzeugen und die in der Regel vom Betroffenen benannt werden können, laufen Mobbing, Bullying und Bossing meist unterschwellig ab. Geschäftsleitung, Personalleiter oder Vorgesetzte sind i. d. R. ahnungslos, wenn eine Gruppe oder eine Einzelperson Schikanen ausheckt, Intrigen spinnt und dem ausgeguckten Opfer Fallen stellt.

1.2 Definition von Mobbing, Bullying und Bossing aus wissenschaftlicher Sicht

Der Begriff *Mobbing* bedeutet soviel wie anpöbeln oder über jemanden herfallen. Abgeleitet ist er vom englischen Wort „mob", das im 18. Jh. in den deutschen Sprachschatz übernommen wurde. Er steht für unterschwellig existierende und nicht offen zu Tage tretende Konflikte am Arbeitsplatz, für schikanöses Verhalten von Vorgesetzten, KollegInnen und unterstellten MitarbeiterInnen. Ursprünglich wurde der Begriff von *Konrad Lorenz* geprägt, der ihn für die Beschreibung eines Angriffs einer Gruppe von Tieren auf einen Eindringling verwandte (*Pikas*, 1989). Mittlerweile gibt es eine Vielzahl von Begriffen für die systematisch betriebenen Boshaftigkeiten am Arbeitsplatz. In skandinavischen Ländern werden die Begriffe Schikane, psychische Gewalt, gesundheitsgefährdende Führung oder Ausstoßung verwendet (schwed.: „trakassering"; „psykiskt vald"; „utstötning"; „vuxenmobbning"). Im angelsächsischen Sprachraum hat sich der Begriff *Bullying* durchgesetzt, der soviel wie tyrannisieren, einschüchtern oder schikanieren bedeutet. Bullying, das im Ursprung vom Hauptwort „bully" abgeleitet ist und die Bedeutung „brutaler Mensch" oder „Tyrann" beinhaltet, geht ebenfalls auf *Pikas* (1989) zurück und wird zwischenzeitlich in der wissenschaftlichen Literatur synonym zu „Mobbing" verwendet. In den USA wird zusätzlich neben diesem Begriff auch die Bezeichnung *(sexual) harassment* benützt. Sie besagt soviel wie quälen, permanentes Belästigen oder beunruhigen. Aber auch die Wortkombination *(employee) abuse* findet Verwendung. Sie beinhaltet die grausame Behandlung von Mitarbeitern, die Beschimpfung und Schmähung.

Für die systematische Schikane durch Vorgesetzte beginnt sich der Begriff *Bossing* herauszukristallisieren. Dieser wird auf die Untersuchungen von *Kile* (1990) zurückgeführt. *Kile* hat in Norwegen auf diesen Umstand aufmerksam gemacht und nennt diese Variante des Mobbing *gesundheitsgefährdende Führerschaft*.

Da das Kunstwort „Mobbing" aufgrund der empirischen Daten weit mehr Facetten umfaßt als die dargestellten Einzelbegriffe „Bullying" und „Bossing" und es sich im Bereich der Forschung zwischenzeitlich etablieren konnte, wird im weiteren Verlauf der von *Leymann* geprägte und enger gefaßte Begriff des „Mobbing" verwendet. Auf das Bossing wird an entsprechender Stelle eingegangen, um den speziellen Charakter der Schikane durch einen Vorgesetzten abzugrenzen.

Leymann war bei der Arbeit als Therapeut mit psychisch belasteten Menschen aufgefallen, daß deren Verhalten, das von Kollegen und Vorgesetzten als destruktiv beschrieben wurde und zunächst als eine individuelle Problematik wirkte, nicht in der Persönlichkeit der Betroffenen zu suchen war, sondern in den Umfeldbedingungen des Betriebes. *Leymann* schreibt dazu:

„Es schienen nicht die gebrandmarkten Personen zu sein, die den Ärger und später auch ihren Ausschluß vom Arbeitsplatz hervorriefen. Die Ursachen schienen gezielt feindliche Maßnahmen zu sein, die ein Angstverhalten nach sich zogen, das dann wieder zu weiteren Gehässigkeiten der Umwelt führte. So wurden, wie es schien, der einmal Angegriffene immer mehr zum Gebrandmarkten, wurde zunehmend in die Enge und ins Abseits getrieben!"

Leymann befaßte sich intensiver mit dem ihm aufgefallenen Phänomen und führte dazu Mitte bis Ende der 80er Jahre in Schweden umfangreiche Untersuchungen durch. Aufgrund dieser Studien und deren Resultaten definiert er Mobbing allgemein wie folgt:

„Der Begriff Mobbing beschreibt negative kommunikative Handlungen, die gegen eine Person gerichtet sind (von einer oder mehreren anderen) und die sehr oft und über einen längeren Zeitraum hinaus vorkommen und damit die Beziehung zwischen Täter und Opfer kennzeichnen."

Durch die Definition des Mobbing ergeben sich für eine Führungskraft, die sich mit diesem Phänomen auseinandersetzen möchte, drei objektive Ansatzpunkte für die Diagnose von Psychoterror. Mobbing wird demnach

– absichtsvoll,
– mindestens einmal wöchentlich und
– über wenigstens ein halbes Jahr

betrieben.

Von Mobbing wird in der wissenschaftlichen Literatur also nur dann gesprochen, wenn Attacken auf eine Person über einen *langen Zeitraum* hinweg *systematisch* erfolgen, im Sinne eines zermürbenden Handlungsablaufes. Die Unterscheidung zwischen dem beschriebenen Ärger, allgemeinen Spannungen, Unverschämtheiten oder Witzeleien von Mobbing wird damit erleichtert.

Gleichwohl kann gegen diese gängige Definition eingewendet werden, daß sich Mobbing-Handlungen auch *gegen Gruppen* richten können. Die Erfahrung zeigt auch, daß es z. B. in Betrieben mit Schichtbetrieb zwischen Schichtgruppen zu solchen Phänomenen kommt.

Im Kern sind es drei Bereiche des Arbeitslebens, die beim Mobbing manipuliert werden:

1. Die zwischenmenschliche Kommunikation. Hierbei wird die Kommunikation mit dem Betroffenen eingeschränkt, z. B. durch Ignorieren, Schreien, Brüllen, ungerechte Kritik an Arbeit oder Privatsphäre, Beschimpfen oder ausschließlich schriftliche Kommunikation.

2. Das soziale Ansehen. Das soziale Ansehen einer Person wird in erster Linie geschädigt durch klatschen, Gerüchte verbreiten, lächerlich machen, beleidigen, sexuell belästigen, verleumden oder verhöhnen.

3. Manipulation der Arbeitsaufgabe. Manipulieren der Arbeitsaufgabe geschieht vor allem durch das Erteilen gefährlicher oder unattraktiver Tätigkeiten, durch sinnlose, unterfordernde Arbeiten, kränkende oder unlösbare Aufgaben.

Entscheidend dafür, wie belastend eine Mobbing-Situation ist, hängt von verschiedenen Faktoren ab. Wenn es um die hier beschriebenen Strategien geht, kann man davon ausgehen, daß folgende drei Faktoren wichtig sind:

1. Anzahl der „Mobber". Es macht einen Unterschied, ob es sich nur um eine Kollegin oder einen Kollegen handelt, mit der oder dem man sowieso nicht direkt zusammenarbeitet, ob es der unmittelbare Vorgesetzte ist, das Team oder in manchen Extremfällen eine ganze Firma. Die Gefahr, daß immer

14

mehr Personen sich anschließen, ist groß, da Gruppen dazu neigen, Druck auf ihre Mitglieder auszuüben. Der einzelne macht mit, aus Angst, selbst Außenseiter zu werden und der nächste zu sein.

2. Das Eskalationsstadium. Als weiterer Faktor kommt die Stärke der Mobbing-Handlung, also das Eskalationsstadium, hinzu. Dazu ist die Frage zu stellen, ob es sich um ein subtiles, unterschwelliges Vorgehen, direkten Druck oder bereits Terror handelt.

– *Subtiles Stadium.* Böswilligkeiten, die subtil ihre Wirkung tun, werden, wenn überhaupt, von den Betroffenen meist recht spät registriert. Sie haben zwar eine Langzeitwirkung, aber eher geringe akute Auswirkung. Rechtzeitiges Wahrnehmen systematischer Feindseligkeiten kann dem Opfer helfen, sich erfolgreich zur Wehr zu setzen.

– *Druckstadium.* Es führt zu einer mittleren bis starken Beeinträchtigung des Opfers und hat immer Langzeitwirkung. Sofortige Wirkungen der initiierten Gemeinheiten in Form psychischer Beeinträchtigungen sind die Regel. Hilfe von außen ist in den meisten Fällen notwendig.

– *Terrorstadium.* Es hinterläßt eine sehr starke und dauerhafte Beeinträchtigung. Opfer dieses Stadiums sind systematischen Attacken hilflos ausgesetzt. Eine Selbsthilfe ist normalerweise nicht mehr möglich.

3. Der Zeitfaktor. Wie in der eingangs beschriebenen wissenschaftlichen Definition ist der Zeitfaktor ein wesentliches Kriterium für das Vorhandensein von Mobbing (1/2 Jahr), wobei aus der Sicht der Praxis die zeitliche Dimension problematisch erscheint.

Damit ergibt sich in der Kombination der in Abbildung 1 dargestellte Würfel.

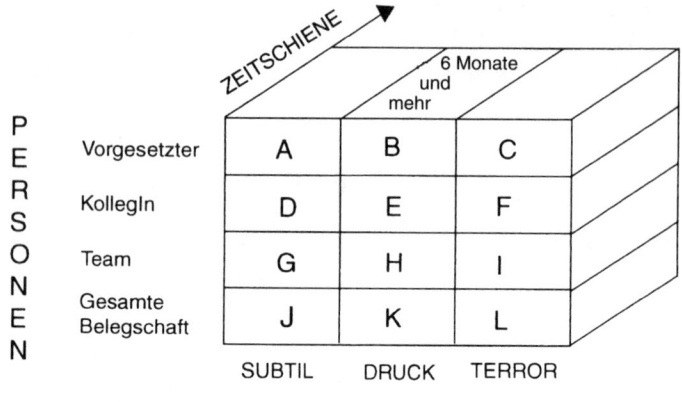

Abb. 1: Würfel zur Einstufung der Mobbing-Problematik

Beispiel:

An Teilwürfel „D" und „I" können die graduellen Unterschiede verdeutlicht werden. Bei „D" feindet ein Kollege oder eine Kollegin jemanden unterschwellig an. Das Opfer nimmt die subtilen Attacken nicht wahr. Doch steter Tropfen höhlt den Stein, und irgendwann wird das „Gift" seine Wirkung entfalten. Momentan ist das Opfer noch nicht belastet. Bei rechtzeitiger Wahrnehmung der Machenschaften besteht in diesem Stadium des Mobbing bei Zurwehrsetzung noch die Chance, den Mobber in die Schranken zu verweisen. Im Falle des Quadranten „I" ist dem Opfer seine Ausweglosigkeit voll bewußt. Das Opfer steht nicht nur einem, sondern einer größeren Anzahl von Angreifern gegenüber, die offen feindselig sind. Der Terror ist nun so groß, daß eine Bewältigung kaum mehr möglich ist.

1.2.1 Empirische Daten zum „Mobber-Verhalten"

Die bereits erwähnten schwedischen Untersuchungen ergeben, daß vor allem Gleichgestellte dazu neigen, Mobbing zu betreiben. So geben 44 % der Befragten an, von Kollegen drangsaliert zu werden. 37 % sehen sich Übergriffen von Vorgesetzten und 9 % von Untergebenen ausgesetzt.

Des weiteren zeigen Befragungen im Rahmen dieser Studien (300 Interviews), daß als Mobbing-Handlungen 45 verschiedene Möglichkeiten in Frage kommen. Sie haben die Auswirkungen auf das Mobbing-Opfer als Ordnungsgesichtspunkt im Vordergrund. Fünf Gruppen lassen sich beschreiben:

I. *Einschränkungen der Kommunikationsmöglichkeiten des Mobbing-Opfers*

1. Der Vorgesetzte schränkt die Äußerungsmöglichkeiten ein.
2. Ständige Unterbrechungen im Gespräch durch den oder die Schikaneure.
3. KollegInnen begrenzen die Möglichkeiten des Opfers, sich zu artikulieren.
4. Beschimpfen und Anschreien.
5. Permanentes Kritisieren der Arbeit.
6. Destruktive Kritik am Privatleben.
7. Telefonterror.
8. Verbale Drohungen.
9. Schriftliche Drohungen.
10. Kontaktabwehrende Gesten und Blicke.
11. Verweigerung des Kontakts durch Andeutungen, ohne direkte Ansprache.

II. *Entzug der sozialen Unterstützung*

12. Es wird mit dem/der Betroffenen nicht mehr gesprochen.
13. Man läßt sich vom Mobbing-Opfer nicht mehr ansprechen.

14. Versetzung in einen Raum weitab von den KollegInnen.
15. KollegInnen wird verboten, mit dem/der Betroffen zu sprechen.
16. Das Opfer wird wie „Luft behandelt".

III. Demontage des sozialen Ansehens

17. Hinter dem Rücken des Betroffenen wird schlecht über ihn gesprochen.
18. Gerüchte werden über die betroffene Person verbreitet.
19. Opfer werden lächerlich gemacht.
20. Vermutungen über psychische Erkrankungen des Opfers machen die Runde.
21. Es wird versucht, psychiatrische Untersuchungen zu erzwingen.
22. Man macht sich über eine Behinderung des Opfers lustig.
23. Stimme, Gesten oder der Gang werden zur Belustigung imitiert.
24. Politische oder religiöse Einstellungen des Betroffenen werden zur Zielscheibe des Spotts.
25. Es wird über das Privatleben des/der Betroffenen hergezogen.
26. Man macht sich über die Nationalität lustig.
27. Das Selbstbewußtsein beeinträchtigende Arbeiten müssen ausgeführt werden.
28. Der Arbeitseinsatz des Opfers wird in falscher und kränkender Weise beurteilt.
29. Entscheidungen der betroffenen Person werden in Frage gestellt.
30. Anstößige Schimpfwörter oder andere demütigende Ausdrücke werden ihm nachgerufen.
31. Man macht verbale sexuelle Angebote oder nähert sich dem Opfer sexuell.

IV. Reduzieren der Arbeits- und Lebenszufriedenheit (meist durch Vorgesetztenverhalten realisiert!)

32. Man weist keine neuen Aufgaben mehr zu.

33. Dem/der Betroffenen wird jegliche Arbeitsaufgabe genommen, auch die Möglichkeit, sich Tätigkeiten auszudenken.
34. Sinnlose Arbeiten werden aufgetragen.
35. Fachlich unterfordernde Arbeiten werden zugewiesen.
36. Permanent müssen neue Tätigkeiten ausgeführt werden.
37. „Kränkende" Aufgaben müssen erledigt werden.
38. Um das Opfer in Mißkredit zu bringen, werden fachlich überfordernde Aufgaben zugewiesen.

V. Beeinträchtigungen von Gesundheit und Wohlbefinden

39. Es wird Zwang ausgeübt, damit das Opfer gesundheitsschädliche Arbeiten verrichtet.
40. Man droht körperliche Gewalt an.
41. „Denkzettel" werden mittels leichter Gewalt „verpaßt".
42. Körperliche Mißhandlungen.
43. Kosten für das Opfer werden verursacht, um ihm zu schaden.
44. Man richtet physischen Schaden im Heim oder am Arbeitsplatz des/der Betroffenen an.
45. Es kommt zu sexuellen Handgreiflichkeiten.

Einschränkend ist zu dieser Aufzählung, *„Leymann Inventory for Psychological Terrorization"* (LIPT), zu sagen, daß einzelne Handlungen mit Sicherheit nicht immer als „Mobbing-Strategien" zu bezeichnen sind. Vielmehr haben sie ihren Ursprung auch in *persönlichen Eigenheiten, Arbeitsbedingungen* (z.B. unbefriedigende ergonomische Bedingungen) oder *organisatorischen Gegebenheiten* (z.B. Personalmangel). Insofern kann hier nicht immer die Absicht unterstellt werden, den anderen bewußt zu schädigen oder zu terrorisieren. Der Aspekt der Absicht kommt in *Leymanns* Definition des „Mobbing" daher auch zu kurz.

Beispiele hierzu sind bestimmte betriebliche Arbeiten, die durch einen Vorgesetzten angewiesen werden und u.U. gesundheitsschädlich sind, weil sie technisch noch nicht lösbar sind, den Mitarbeitern aber entsprechend honoriert werden.

Oder unterfordernde Aufgaben, die aufgrund einer schlechten Auftragslage erledigt werden müssen.

Niedl (1995, S. 120) stellt in seiner Untersuchung zu Mobbing innerhalb der Belegschaft eines Krankenhauses und eines Forschungsinstitutes fest, daß sich bestimmte Muster von Mobbing-Handlungen nach der Klassifikation von *Leymann* finden, die sich als organisationsunabhängig darstellen. Dabei dominieren *subtile Formen*. Die durch Normen und Gesetze sanktionierbaren Handlungen haben dabei jedoch nur einen geringen Anteil.

Ähnliches trifft auf die *Wahrnehmung von Handlungen anderer* zu. Was ein Vorgesetzter als seine „Pflicht" ansieht, nämlich die Arbeit zu kritisieren, um leistungsfähige und optimal arbeitende Mitarbeiter zu haben, kann sich aus der Perspektive der „Untergebenen" ganz anders darstellen. Insofern sind Mobbing-Handlungen nicht „Realität", sondern immer Zuschreibungen des Mobbing-Opfers, das Handlungen anderer als Mobbing interpretiert oder auch nicht.

Dies wird am Beispiel des bekannten halb gefüllten Glases deutlich, das für den einen „halb voll" und für den anderen „halb leer" ist. Zudem kann eine vom Opfer als „Mobbing" wahrgenommene und interpretierte Situation nach der Definition von *Leymann* noch kein Mobbing sein, da erst der Prozeß sich wiederholender oder aufsummierender schikanöser Handlungen im Rückblick darüber entscheidet, ob Mobbing vorliegt oder nicht.

1.3 Mobbing als psychosozialer Streß

Streß macht krank, vor allem, wenn er chronisch ist. Insbesondere psychosozialer Streß führt zu psychosomatischen Erkrankungen. *Leymann* (1993) stellte bei seinen Untersuchungen einen typischen Ablauf der Streßfolgen fest: Zu Beginn, in einem Stadium des subtilen Mobbings, stellen sich vereinzelt Symptome ein, etwa Schlafstörungen, Nervosität, gedrückte Stimmung, unbestimmte Beschwerden, innere Unruhe, Völlegefühl, Schluckbeschwerden. Wird der Druck verstärkt bis hin zum Terror, kann es zur *posttraumatischen Störung* kommen, die sich in einer „allgemeinen Angststörung" manifestieren kann.

Da sich die Angriffe auf die Person über einen längeren Zeitraum wiederholen, ist der Organismus in einer permanenten Alarmsituation. *Selye* (1988) spricht vom „allgemeinen Adaptationssyndrom", das er in drei Phasen (vgl. Abb. 2) beschreibt.

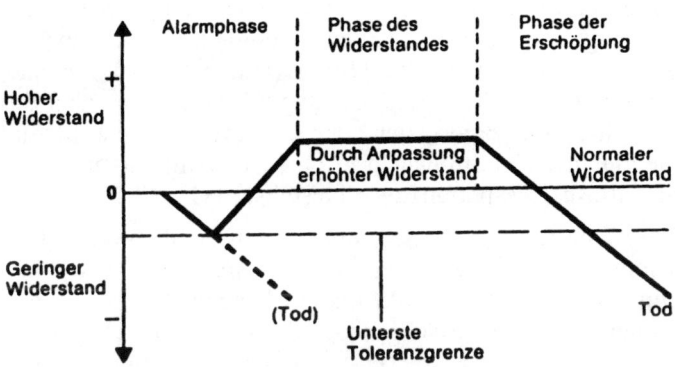

Abb. 2: Ablauf des „allgemeinen Adaptationssyndroms" (nach *Vester*, 1978)

Im Prozeß des Mobbing erhält die betroffene Person keine Gelegenheit mehr, sich zu regenerieren, also in die Erholungsphase einzutreten, da sie permanent neuen Streßreizen ausgesetzt ist (Abb. 3).

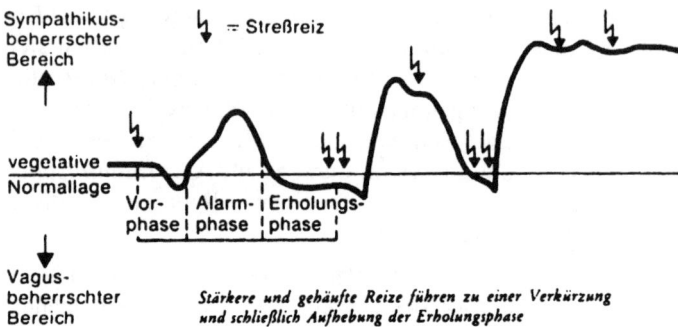

Abb. 3: Das „allgemeine Adaptationssyndrom" im Mobbing-Prozeß (nach *Vester*, 1978)

Verschärft wird diese Situation durch die gedankliche Weiterbeschäftigung mit den demütigenden und verletzenden Vorgängen, die ein Abschalten unmöglich machen und die Streßreaktion auf hohem Niveau halten. Hinzu kommen Emotionen wie Wut, Enttäuschung oder Entsetzen über das Verhalten von Vorgesetzten oder KollegInnen, die wiederum die Qualität von Streßauslösern haben. Damit ist ein Circulus vitiosus geschaffen, der sich selbst in Gang hält.

Die neuesten Ergebnisse eines sich etablierenden Forschungszweiges, der *Psychoneuroimmunologie* (PNI), zeigen, daß Gefühle auf molekularer Ebene nachweisbare Phänomene bewirken. Bisher gingen die Medizin und Psychologie davon aus, daß Nerven-, Hormon- und Immunsystem unabhängig voneinander agieren. Sie sind jedoch enger miteinander verknüpft als bisher vermutet. Etliche Untersuchungen zeigen einen direkten Zusammenhang zwischen Streß und Infektionskrankheiten (vgl. *Brinkmann*, 1993). Je höher der Streß, desto größer die Wahrscheinlichkeit für eine Infektionskrankheit, etwa Schnupfen, empfänglich zu sein. Die wichtigste Rolle kommt dabei dem Streßhormon Cortisol zu, das einem komplizierten Regulationsmechanismus, der von Emotionen über das Gehirn gesteuert wird, unterliegt. Cortisol beeinflußt vor allem bei langanhaltendem, chronischem Streß die Immunzellen negativ. Auswirkungen von Streß über diese Mechanismen auf Krankheiten wie Rheuma, Diabetes, Allergien oder Krebs werden inzwischen diskutiert und sind sehr wahrscheinlich.

Der *neurohumorale Streßmechanismus* bewirkt einerseits, daß das autonome Nervensystem mit *Sympathikus* und *Parasympathikus* aktiviert wird, andererseits über die Hirnanhangdrüse (Hypophyse) Hormone, vor allem *Adrenalin* und *Noradrenalin*, in die Blutbahn freigesetzt werden. Dadurch zeigen sich unterschiedliche körperliche Wirkungen (Abb. 4).

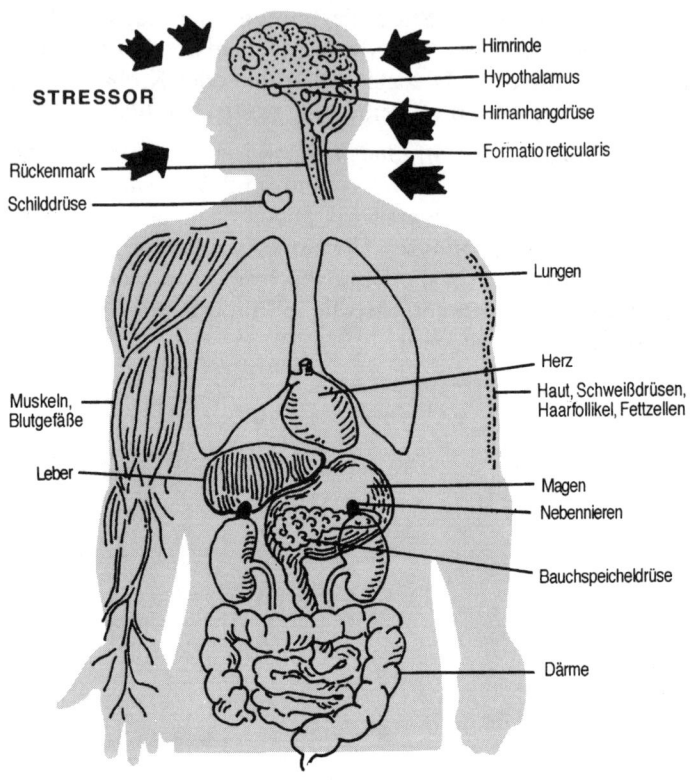

Abb. 4: Der Ablauf der Streßreaktion im Körper

Die Folgen von Mobbing zeigen sich in *kurz- und langfristigen* Konsequenzen:

Kurzfristige Streßreaktionen sind Reaktionen, die unmittelbar nach Einwirken des Stressors auftreten. Diese Reaktionen zeigen sich auf folgenden Ebenen:

● Ebene des *Denkens und Fühlens*, z. B. in Angst- und Ärgergefühlen;
● *physiologische* Ebene; typische Körperreaktionen bei Streß sind z. B.
  – erhöhte Herz- und Pulsrate,
  – erhöhter Blutdruck,
  – Ausschüttung von Streßhormonen (Adrenalin und Noradrenalin),
● Ebene des *Verhaltens*, z. B. in Form geringer Leistungsfähigkeit, mehr Fehlern bei der Arbeit usw.

Die *langfristigen Folgen* für die Gesundheit schikanierter Menschen sind in Krankheiten und Störungen zu sehen, die sich aufgrund der immer wiederkehrenden Streßreaktion einstellen können. Diese Krankheiten entstehen, wenn sich der Körper in einer andauernden Alarmsituation befindet und permanent Energien für das Flucht- bzw. Kampfverhalten bereitstellt. Folge davon ist in der schwächsten Ausprägung Gereiztheit. Ängstlichkeit und depressive Verstimmungen sind weitere Alarmsignale. Körperliche und psychosomatische Beschwerden sind schließlich die physische Manifestation von dauernder Überbelastung.

1.3.1 Folgen für die Gesundheit

1.3.1.1 Körperliche und psychosomatische Beschwerden

Nach einer Infas-Umfrage (1992) leiden rund 55 % derer, die in Betrieben mit einem schlechten Betriebsklima arbeiten müssen, an den körperlichen Folgen dieses Stresses. Umgerechnet bedeutet dies, daß jeder sechste Arbeitnehmer in Deutschland indirekt an den Folgen seiner Arbeit erkrankt.

Sie zeigen sich insbesondere in nachfolgenden Störungen:

- Schlafstörungen
- Kopfschmerzen
- Appetitlosigkeit
- Übelkeit
- Atembeschwerden
- Schwindelgefühle
- Schweißausbrüche
- Herz-Kreislauf-Schwierigkeiten
- Magen-Darm-Probleme
- Hauterkrankungen
- Bronchitis/Asthma
- Krankheiten der Muskeln und des Skelettes
- Erkrankungen von Nieren, Blase und Harnwegen

Der Gang zum Arzt bringt den Betroffenen meist nur wenig Hilfe, da die konsultierten Ärzte die zugrundeliegenden Zusammenhänge meist nicht erkennen. Sinnvolle Hilfestellungen, wie Beratung oder Psychotherapie, werden i. d. R. nicht empfohlen. Deshalb entschließen sich viele, die es sich leisten können, dem Beruf den Rücken zu kehren. So entschieden sich 1989 laut Bundesanstalt für Arbeit 13 % der Vorru-

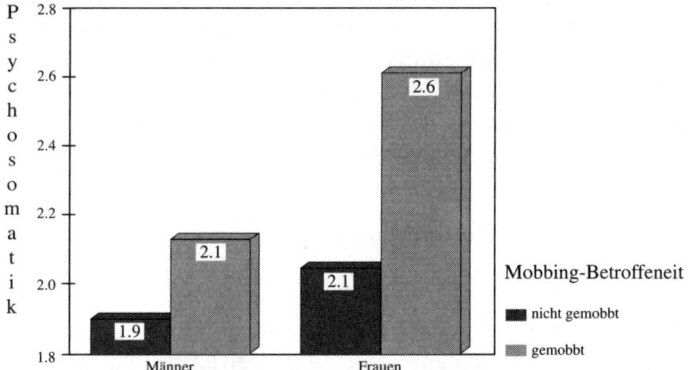

Abb. 5: Zusammenhang zwischen Mobbing-Betroffenheit und psychosomatischen Beschwerden (Skalenmittelwerte; Quelle: *Mohr*)

heständler, aufgrund einer psychisch verursachten Krankheit vorzeitig aus dem Arbeitsleben auszuscheiden. Dies sind 57 % mehr als sechs Jahre zuvor.

Mohr (1986) konnte in einer Untersuchung an Industriearbeitern einen deutlichen Zusammenhang zwischen Mobbing-Betroffenheit und psychosomatischen Beschwerden feststellen. In Abbildung 5 wird dieser Zusammenhang deutlich. Dabei ist zu erkennen, daß Frauen etwas stärker mit psychosomatischen Beschwerden reagieren als Männer.

1.3.1.2 Psychische Auswirkungen

Die psychischen Beeinträchtigungen in Folge von Streß sind gleichfalls vielfältiger Natur. In der Regel sind es mehr oder weniger starke *Störungen psychischer Funktionen*. Meist registrieren die Betroffenen diese Beeinträchtigungen seelischer Funktionen zuerst, dennoch kann auch das Umfeld derartige Störungen bemerken. Nachfolgend die bekanntesten:

– Depressionen
– ständige Müdigkeit
– sinkendes Selbstbewußtsein
– Überempfindlichkeit
– Vergeßlichkeit
– Konzentrationsstörungen
– innere Spannung
– mangelnder Antrieb.

Die Auswirkungen von Streß auf die jeweilige Person darf jedoch nicht isoliert betrachtet werden. Da das betroffene Individuum außerhalb des Betriebes in einem sozialen Gefüge lebt, wirken sich diese Beeinträchtigungen auch auf das Zusammenleben mit den Mitmenschen aus. Aus allgemeiner Gereiztheit kann Ärger oder Streit mit dem Partner, den Kindern oder Freunden werden, was seinerseits wieder Ursache für weiteren Streß ist. Es kann sich dadurch ein Teufelskreis entwickeln, der den Betroffenen immer näher an den körperlichen und seelischen Zusammenbruch führt.

1.3.2 Bewältigungsstrategien der Opfer

Das meistzitierte Streß-Konzept stammt von *Lazarus* (*Lazarus* u. *Folkman*, 1984). Es gehört zu den kognitiven Modellen der Streßbewältigung und bringt die ablaufenden Verhaltensprozesse von Menschen unter Streß in einen systematischen Zusammenhang. Das Modell von *Lazarus* versucht, die unterschiedlichen Komponenten, die am Zustandekommen der Streßreaktion beteiligt sind, zu integrieren. Es wird daher auch als *transaktionales Streßmodell* bezeichnet, da nicht nur die Person mit ihrer biologischen, persönlichkeitsbedingten und fähigkeitsbezogenen Ausstattung, oder die Situation, also Stressoren wie Zeitdruck, Lärm etc., allein als Ursachen für Streß gesehen werden; vielmehr stehen die Transaktionen zwischen diesen Variablen im Mittelpunkt der Betrachtungen. Ursachenzuschreibungen sind also weder reizbezogen noch reaktionsbezogen. Die Frage steht im Vordergrund, *wie* die betroffene Person agiert. Hat sie Ressourcen, um das Mißverhältnis zwischen den Anforderungen oder Ansprüchen der Umwelt und den individuell gegebenen Möglichkeiten zu beseitigen? Außerdem bezieht sich „Transaktion" auch auf den Umstand, daß sich beide Variablen, Person und Situation, während des Versuchs, die entstandene Diskrepanz in den Griff zu bekommen, verändern können. Damit wird ein deutlicher Unterschied zwischen Interaktionen und Transaktionen gemacht. In ersterer verändern sich die beiden beteiligten Faktoren nicht, während sie sich bei der Transaktion durch das Agieren der Beteiligten in der Zeit verändern und dem Ausgangszustand nicht mehr entsprechen. Damit ist das Modell von *Lazarus* als prozessual zu bezeichnen.

Nach *Lazarus* (1984) werden die Bewältigungsstrategien bei Streß als *Coping-Strategien* bezeichnet. Hierunter fallen alle Handlungen, die eine Person in der Absicht vollzieht, die Bedrohlichkeit einer Situation zu beenden. In einem *ersten Schritt* versucht die betroffene Person zunächst in einer Einschätzung der streßauslösenden Situation zu prüfen, ob sie

28

bedrohlich, schädigend oder eher herausfordernd ist. Gleichzeitig findet eine emotionale Bewertung danach statt, wie angsterzeugend, herausfordernd oder überfordernd sie ist. In einem *zweiten Schritt* geht es um die Frage, ob Ressourcen zur Bewältigung vorhanden sind (Fähigkeiten, Möglichkeiten). Im *dritten Schritt*, in einer Art Feedback-Phase, kommt es zu einer Neueinschätzung der Situation danach, ob die erfolgten Bewältigungsversuche erfolgreich waren. Was die Veränderungsmöglichkeiten angeht, kann man folgende personale Strategien unterscheiden:

1. Informationssuche. Kann eine Person die Situation nicht einschätzen, da sie neu für sie ist, zu undurchsichtig oder mehrdeutig, kommt diese Strategien zum Tragen.

2. Aktives Handeln. Hat ein Individuum die Situation so eingeschätzt, daß es bei sich Ressourcen sieht, mit der Bedrohung wirkungsvoll umzugehen, wird es diese als Herausforderung ansehen und direkt handeln.

3. Hemmung von Handlungsimpulsen. Verhalten zu unterlassen kann in manchen Situationen durchaus sinnvoll sein. Etwa dann, wenn die Erregung, z. B. durch Angst, so stark ist, daß überlegtes Handeln eher negative Folgen zeitigt.

4. Innerseelische Anpassungsleistungen. Darunter fallen alle Strategien, die dazu dienen, die innerpsychischen Prozesse zu beeinflussen, etwa durch eine Umbewertung der Situation, durch Verdrängen oder eine Kontrolle der Erregung.

Steht einem Individuum keine dieser *primären* Coping-Strategien zur Verfügung, versucht es, über *sekundäre* Coping-Strategien die aversiv erlebte Situation zu bewältigen.

Dies kann auf zweifache Weise geschehen:

– Um den Anforderungen besser gewachsen zu sein, wird der Körper fit gemacht, das Aktivierungsniveau gehoben (z. B. durch Psychopharmaka, Koffein).

– Spannungen (z. B. Angst) werden durch Mittel zur Entspannung wie Tabletten, Alkohol und Zigaretten abgebaut und die Situation nicht mehr so bedrohlich wahrgenommen (vgl. Abb. 6).

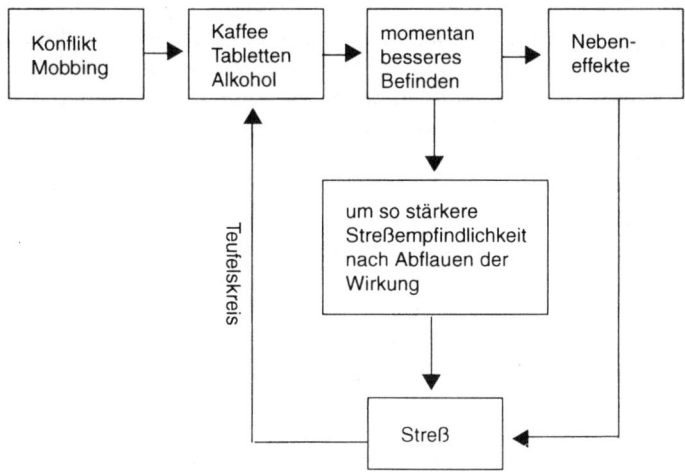

Abb. 6: Teufelskreis inadäquater Streßbewältigung

Die beschriebenen sekundären Handlungsstrategien sind zwar kurzfristig auf der subjektiven Ebene wirksam, langfristig verstärken sie jedoch entstehende psychosomatische Beschwerden und führen u. U. in die Sucht.

Opfer von Schikanen und Psychoterror reagieren unterschiedlich auf belastende Situationen. Zunächst vom Mobbing der KollegInnen oder des Vorgesetzten überrascht, versuchen viele Opfer, sich durch *innerpsychische Strategien* zu beruhigen. Meist keimt aber nach Wochen oder Monaten die Überzeugung auf, daß es so nicht weitergeht. Interessanterweise reagieren Frauen stärker mit der Strategie, sich *soziale Unterstützung* zu suchen und ihre Probleme mit KollegInnen, Vorgesetzten oder dem Hausarzt zu besprechen. So sinnvoll reagieren aber nicht alle Menschen. Vielmehr zeigt sich, daß die meisten Mobbing-Opfer das uralte Streßprogramm, das aus der Phylogenese (Stammesgeschichte) stammt und zur Mobilisierung der körpereigenen Ressourcen zum „Kämpfen" oder „Fliehen" dient, zunächst nach außen, mit „coolness" zu meistern versuchen. Sie „fressen Ärger in sich rein" oder beißen die „Zähne zusammen", während der freigesetzte „Hormoncocktail" seine krankmachende Wirkung entfaltet. Sicher spielt hierbei auch die Erziehung in ihrer Kindheit keine unbedeutende Rolle, die ihnen beigebracht hat, daß sie brav und angepaßt sein sollen, mit dem nötigen Respekt vor Autoritäten. Auch sind Konflikte für viele Menschen negativ besetzt. Sie werden daher zugunsten einer Harmonie erzeugenden „Friedhöflichkeit" verdrängt, wodurch sie weiter schwelen und sich im Falle des Mobbing zum Nachteil der Betroffenen auswirken. Die geschilderten Verhaltensweisen bei sozialem Streß spiegeln die verschiedenen Möglichkeiten wider, auf derartige Belastungen zu reagieren (*Brinkmann*, 1993). Nach *Laux* u. *Weber* (1993) können Bewältigungsversuche folgende Absichten verfolgen bzw. Funktionen erfüllen, die auch den Betroffenen von Intrigen, Schikane und Psychoterror zur Verfügung stehen:

Emotionsregulation

– Die Gefühle, das subjektive Empfinden regulieren
– Den Gefühlsausdruck regulieren
– Physiologische Erregung und Symptome regulieren
– Die kognitive Bewertung der Situation ändern
– Handlungsimpulse regulieren

Situationsregulation

– Die Situation aktiv verändern
– Sich selbst an die Situation anpassen
– Alles so belassen, wie es vor dem Streßereignis war
  Eine Auseinandersetzung mit der Situation vermeiden

Selbstregulation

– Verletztes Selbstwertgefühl und angegriffenes Selbstkon
  zept wiederherstellen

- Selbstwertgefühl und Selbstkonzept schützen und bewahren
- Selbstwertgefühl steigern und Selbstkonzept erweitern

Interaktionsregulation

- Feedback geben/Befinden und Gefühle rückmelden
- Interaktionsbezogene Selbstbilder kommunizieren
- Die anderen zu einem gewünschten Verhalten bringen
- Interaktion/Beziehung in Frage stellen, demotivieren
- Interaktion/Beziehung schützen, fördern

Welche Bewältigungsversuche unternommen werden, wird nicht zuletzt durch moderierende Variablen beeinflußt. Stark beeinflussen die folgenden Variablen die Auswahl des Bewältigungsstils:

a) die subjektiv erlebte Stärke der Bedrohung;
b) die Chance, soziale Unterstützung zu erlangen;
c) der Attributionsstil (Kontrollstil), wie z. B. erlernte Hilflosigkeit;
d) die erlebte Undurchsichtigkeit einer komplexen Situation.

1.3.3 Auswirkungen von Mobbing auf subjektives Wohlbefinden, Arbeits- und Lebenszufriedenheit

Wie die schwedischen Studien belegen, finden sich bei Mobbing-Opfern, die weit über den Zeitraum von sechs Monaten dem betrieblichen Psychoterror ausgesetzt waren, die klassischen Symptome eines *generalisierten Angstsyndroms*, wie sie bei Opfern von Katastrophen oder Überfällen zu finden sind. Das Problem dabei ist, daß diese Angst- und Spannungszustände, wenn vom Opfer keine Bewältigungsmöglichkeiten gesehen werden, chronisch werden können. Nach *Leymann* ist dies meist nach 2–4 Jahren der Fall. Folgen davon sind starke *Depressionen und Phobien*, die dazu führen können, daß die Betroffenen jeglichen Kontakt mit anderen Menschen meiden oder Ängste vor dem Autofahren, Einkaufen etc. entwickeln. Parallel dazu beginnt häufig eine *Medikamentenabhängigkeit*, da die konsultierten Ärzte diesem

Syndrom meist hilflos gegenüberstehen und Psychopharmaka verschreiben.

Aber auch *„querulatorische" Züge* können sich ausbilden, d. h., im Gegensatz zur schwermütigen Verzweiflung bei der Depression, bei der sich das Opfer in ein „Schneckenhaus" verkriecht, kommt es bei diesem Verhalten zu Rechthabereien. Typisch hierfür sind eine schnelle Sprech- und Erzählweise sowie rasche Beurteilungen von Sachverhalten, Dingen und Personen. So sind diese Menschen von wirklichkeitsfremden subjektiven Hypothesen besessen, die ihre Situation und die Motive der Mobbing-Täter erklären sollen.

Auch wenn das Kranksein oder das Verlassen der Firma den Leidensdruck spürbar verringern, zeigt die klinische Erfahrung mit Mobbing-Opfern, daß Beeinträchtigungen der Persönlichkeit im Sinne einer getrübten seelischen Grundstimmung bzw. einem Festhalten an einer negativen Sicht der Wirklichkeit zurückbleiben.

Eine Behandlung dieser Syndrome ist momentan sehr schwierig, da eine exakte Abgrenzung zwischen chronischer psychischer Erkrankung mit psychiatrischer Qualität und extremer Streßreaktion noch nicht möglich ist.

Auswirkungen auf die *Arbeits- und Lebenszufriedenheit* sind in der Folge ebenso zu finden wie Selbstunsicherheit, Depression, Konzentrationsschwierigkeiten oder allgemeine Angstzustände. In besonders tragischen Fällen kann Mobbing bis zum Selbstmord führen, wenn die Opfer keinen anderen Ausweg mehr sehen, dem Kesseltreiben zu entgehen. In Schweden geht man davon aus, daß ca. 10–20 % aller Suizide auf Mobbing zurückzuführen sind. Dieser letzte Ausweg für den Betroffenen ist allerdings nicht zwangsläufig, sondern i. d. R. multikausal bedingt. Zusammen kommen der Streß durch Mobbing, spezifische Persönlichkeitsfaktoren, die mangelnde Fähigkeit der Problemlösung sowie private und finanzielle Schwierigkeiten in den unterschiedlichsten Kombinationen.

2. Die fünf Mobbing-Strategien

2.1 Einschränkungen der Kommunikations- möglichkeiten des Mobbing-Opfers

Kontakt mit anderen Menschen und die Kommunikation mit ihnen ist ein menschliches Grundbedürfnis. Beziehungen sind in der Menschheitsgeschichte eine Art Sozialversicherung. Wurde ein Mensch aus einer Gemeinschaft ausgestoßen, kam dies seinem Ende gleich. Soziale Beziehungen sind daher für den Menschen der kostbarste Besitz (*Eibl-Ei- besfeldt*, 1994, S. 234).

Wir bangen um ihren Verlust und verteidigen diese Beziehungen mit Eifersucht. Um so schlimmer wirkt es sich aus, wenn Vorgesetzte oder Kollegen die Möglichkeiten einschränken, sich anderen mitzuteilen. Die fehlende Möglichkeit, sich mit anderen auszutauschen, zeigt beim Mobbing bereits nach kurzer Zeit Effekte, und das Opfer beginnt unter dieser Situation zu leiden. Ein derartiges Erleben führt unweigerlich in das weiter oben beschriebene Streßgeschehen. Im Unterschied zu Streßphänomenen, die durch eingeschränkte Kommunikationsmöglichkeiten aufgrund der Arbeitsaufgabe bedingt sind und von denen alle betroffen sind, die diese Tätigkeit ausführen, wird hier nur eine einzige Person isoliert (vgl. *Brinkmann,* 1993). Es besteht auch ein wesentlicher Unterschied zu den üblichen Kommunikationsabbrüchen, wie sie z. B. nach kleineren Mißstimmungen oder Reibereien auftreten. Kontaktabbrüche dieser Art, bei Kindern sehr gut beobachtbar, etwa durch Abwenden vom Spielpartner oder eine Verweigerung des Blickkontaktes, dienen der Aggressionshemmung. Erwachsene zeigen die kalte Schulter und vermeiden die Kommunikation über einen gewissen Zeitraum. In der Regel kommt es nach einer bestimmten Zeitspanne jedoch zu einer Versöhnung, und man spricht wieder miteinander. Diese Erfahrung kann bei der

Einschränkung der Kommunikationsmöglichkeiten durch Mobbing nicht zum Tragen kommen, da das Opfer meist vom Verhalten der anderen überrascht wird und nicht weiß, weshalb sie so reagieren oder was es getan hat. Zudem ist es die einzige Person, die ausgegrenzt wird. Dadurch ist eine Einschätzung, wann sich die Sache wieder einrenkt, durch den Betroffenen aufgrund seiner Erfahrung mit Konflikten nicht möglich.

Kommt es zu Versuchen der Leidtragenden, die kommunikative Isolation zu durchbrechen, stellt sich schnell heraus, daß die Spielregeln für die Kommunikation von den anderen, also Vorgesetzten oder KollegInnen, festgelegt werden. D. h., sie bestimmen darüber, ob das Opfer wieder in die Kommunikation aufgenommen wird oder nicht. Somit besteht auch keine Klärungsmöglichkeit für den gemobbten Mitarbeiter.

Diese erste wie auch die folgenden Strategien können in ein subtiles und in ein Druck- und Terrorstadium eingeteilt werden.

Subtiles Stadium

- Der Geburtstag des Opfers, der alljährlich gefeiert wird, oder die Einladungen zur Teambesprechung werden „vergessen".
- Der Platz in der Kantine wird so gewählt, daß man nicht mit der/dem Betroffenen zusammensitzen muß.
- Eine persönliche Ansprache mit Namen wird vermieden.
- Einladungen zu informellen Feiern aus familiären oder betrieblichen Anlässen unterbleiben.
- Vorgesetzte ziehen eine weitere Hierarchiestufe ein, indem sie eine Person benennen, über die künftig Kontakte des Gemobbten mit dem Vorgesetzten laufen sollen, und begründen dies mit organisatorischen Notwendigkeiten.

Druckstadium

- Destruktive Kommentare der Kollegen oder des Vorgesetzten zu privaten Entscheidungen, Vorfällen usw.

- Beschimpfungen wie, „Sie glauben wohl zu allem etwas sagen zu müssen?" oder Lautwerden sollen das Opfer einschüchtern.
- Durch sogenannte „Killerphrasen", wie „Alles Quatsch, hat vor 20 Jahren schon nicht funktioniert!", wird der/die Betroffene immer wieder bewußt unterbrochen, seine/ihre Vorschläge abqualifiziert und der gedankliche Faden zerrissen.
- Redezeiten werden willkürlich verkürzt oder Äußerungen abqualifiziert.
- Betriebliche Neuigkeiten werden zurückgehalten.
- Vorgesetzte knallen Türen oder schlagen mit der Faust auf den Tisch.

Terrorstadium

- Versuche des Opfers zu kommunizieren werden mit höhnischen Bemerkungen, giftigen Blicken, abschätzenden oder verächtlichen Bemerkungen „quittiert".
- Auch gute, lobenswerte Arbeit wird willkürlich kritisiert. Das „Haar in der Suppe" wird allerdings nicht nur von Vorgesetzten gesucht, sondern auch von KollegInnen. Obwohl in der einschlägigen Literatur zum Verhalten von Führungskräften häufig der Vorwurf auftaucht, daß Vorgesetzte meist nur tadeln und kaum loben, ist in dieser Methode ein Superlativ dieses Fehlverhaltens zu sehen.
- Gespräche zwischen KollegInnen werden sofort unterbrochen, wenn sich der/die Betroffene nähert. Oder Türen werden demonstrativ geschlossen.
- KollegInnen wechseln den Platz in der Kantine, wenn sich das Opfer dazusetzt.
- Der gemobbte Mitarbeiter wird vom Vorgesetzten in einen separaten Raum gesetzt.
- Anonyme, ehrverletzende Äußerungen finden sich auf Zetteln auf dem Schreibtisch oder nach dem Einschalten des Computers auf dem Bildschirm.
- Beschimpfungen am Telefon oder Anrufe mitten in der Nacht, ohne daß sich jemand meldet.

Beispiel:

Frau L. aus Dresden begann nach der Wende im Sommer 1990 eine Tätigkeit als Buchhalterin in einem Stukkateurbetrieb aus Westdeutschland, dessen Stammhaus im Frühjahr eine Niederlassung in der Sachsenmetropole gegründet hatte. Der westdeutsche Eigentümer, ein agiler Unternehmer, dessen Filiale in Dresden aufgrund des Bau-Booms sehr rasch wuchs, erkannte sehr schnell, daß das kaufmännische Know-how seines Stammhauses im alten Bundesland für Dresden notwendig war. Frau L. wurde daher mit ihrem Einverständnis ein ganzes Jahr lang im Stammhaus in der EDV geschult. Im Herbst 1991 kam Frau L. nach Dresden zurück und war nun für die gesamten Abrechnungen der Niederlassung zuständig. Darüber hinaus sollte sie die dortigen kaufmännischen Mitarbeiter im neuen EDV-System schulen. Der erste Eindruck von Frau L. war, daß sich die Kollegen und Kolleginnen der Filiale über ihre Rückkehr freuten. Sie erinnerte sich im nachhinein an scherzhafte Äußerungen wie: „Na endlich können wir Ossis jetzt mit der Hilfe der Frau L. richtig arbeiten" u. ä. m. Dieses positive Gefühl bezog sich sowohl auf die kaufmännischen als auch die gewerblichen Mitarbeiter. Mit letzteren hatte Frau L. vor allem in den Personen der Bauleiter zu tun, die ihr aufgrund der Rapportzettel der Vorarbeiter und Gesellen, auf denen die gearbeiteten Stunden etc. aufgeführt werden, detaillierte Angaben zur Rechnungserstellung lieferten. Diese gab sie mittels entsprechender EDV-Schlüssel in den Computer ein.

Bereits nach mehreren Tagen in ihrer neuen Position, die keine leitende war, registrierte Frau L. ein gewisses subjektives Unbehagen, wenn Kollegen mit ihr zusammenarbeiteten. Sie maß diesem Gefühl jedoch keine besondere Bedeutung zu, sondern führte es auf die für alle neue Situation zurück. Zunehmend bemerkte sie jedoch konkrete Änderungen im Verhalten einzelner Personen. So wurde sie hin und wieder nicht mehr gegrüßt oder saß zur Kaffeepause allein in der Pausenecke. Vom betrieblichen Umtrunk, etwa bei Geburtstagen oder anderen Gelegenheiten, erfuhr sie meist zu spät oder überhaupt nicht. Ihr Vorgesetzter, der Handwerksunternehmer aus dem Westen, hielt nach wie vor große Stücke auf sie und lobte ihre Einsatzbereitschaft und ihren Sachverstand bei jeder passenden Gelegenheit vor versammelter Mannschaft. Dieser Rückhalt ließ Frau L. die subtilen Formen der Kommunikationseinschränkung der Kollegen zunächst ertragen, wenngleich sie schockiert war über deren Verhalten.

Der Versuch von Frau L., nach ca. sechs Wochen mit einer Kollegin, mit der sie früher sehr gut ausgekommen war, über das Verhalten ihres Umfeldes zu sprechen, wurde von dieser mit dem Kommentar quittiert: „Du glaubst wohl, du bist jetzt etwas Besseres, bloß weil du für ein Jahr im Westen warst und dich besser mit der EDV auskennst als wir? Guck doch selbst, daß du mit den Kollegen und Kolleginnen zurechtkommst!"

Frau L. versuchte aufgrund dieses Vorfalls verstärkt, den Kontakt zu den anderen Mitarbeitern zu suchen, indem sie sich anbot, Hilfestellung jeglicher Form zu geben. Ein noch junger, wenig erfahrener und erst seit ein paar Wochen in der Firma tätiger Bauleiter, der eine Bauingenieur-Ausbildung in der ehemaligen DDR gemacht hatte, nahm dieses Angebot gerne an und kam mit allerlei Fragen zu ihr. Frau L. mußte allerdings nach einigen Tagen feststellen, daß er sich, nachdem er zwischenzeitlich recht häufig um Unterstützung gebeten hatte, plötzlich nicht mehr bei ihr sehen ließ. Sehr schnell wurde ihr auch klar, weshalb dies so war. Sie fand eine Nachricht mit Lippenstift auf den Bildschirm ihres Monitors gekritzelt, die ihr einiges klar machte. Dort stand: „Du alte Stasi-Sau, hau doch in den Westen ab!"

2.2 Entzug der sozialen Unterstützung

Mit anderen umfassend und uneingeschränkt kommunizieren zu können, trägt zur psychischen Gesundheit bei und stärkt die sozialen Beziehungen. Unterstützung von Freunden, Verwandten oder KollegInnen hilft, Belastungen, Probleme und Lebensstreß besser zu bewältigen. Die Zerstörung der Kommunikation führt daher zwangsläufig auch zum Verlust der *sozialen Unterstützung* (social support). Es kommt zur Isolation des Betroffenen. Solche Eingriffe in die sozialen Beziehungen hatten schon immer einen strafenden Charakter und eine lange Tradition. Sie fanden und finden Anwendung im Strafrecht, aber auch in der Seuchenvorbeugung. Beim Mobbing wird die soziale Isolation bewußt oder unbewußt durch andere herbeigeführt.

Die Streßforschung und die Gesundheitspsychologie zeigen, das soziale Unterstützung ein Prophylaktikum in Zeiten starker psychosozialer Belastung darstellt. Soziale Bindungen, soziale Netzwerke und soziale Unterstützung wirken sich auf die Effekte psychosozialer Risiken neutralisierend aus. *Bandura* (1983) spricht in diesem Zusammenhang von einem psychosozialen Immunsystem, das dem einzelnen hilft, sich vor psychischen und physischen Schäden zu schützen bzw. deren Eintritt und Folgen besser zu bewältigen. Isolation eines Menschen führt somit verstärkt zu psychischen und physischen Risiken.

Die Isolation eines Opfers in der Arbeitswelt bezieht sich zumeist nicht allein auf das Verhältnis zu den Kollegen. Sie schließt i. d. R. Geschäftspartner, Kunden, andere Abteilungen usw. mit ein. Innerhalb der Organisation machen sich die Mobber die Tatsache zunutze, daß es *formelle und informelle Informationskanäle* gibt. Formell spiegeln sie sich in den Organigrammen wider und stellen den „Dienstweg" dar. Informelle Wege basieren meist auf den privaten Beziehungen, Sympathien oder gemeinsamen Interessen und zeigen sich in Form von Fahrgemeinschaften, gemeinsamem Mittagessen, Kaffeetrinken usw. Der formelle Weg, bedingt durch Hierarchien in einer Organisation, kann über „legitime" Spielzüge verdeckter manipuliert werden, um das Opfer auszugrenzen. Dazu dienen das Versetzen eines Mitarbeiters in ein Einzelbüro oder „Dienstanweisungen", die dem Opfer den Kontakt zu Behörden, Lieferanten oder Kunden untersagen. Im informellen Bereich können die Mobbing-Strategien zwar stärker ausgelebt werden, beziehen aber u. U. Unbeteiligte mit ein. Besonders beliebt ist das Isolieren des Opfers durch Absprache. Kollegen verlassen z. B. den Pausenraum, wenn der oder die Betroffene eintreten, oder man vereinbart, nicht auf die Ansprache des Opfers zu reagieren. Aber auch die bewußte Nicht- oder Falschinformation gehören dazu. Dabei wird ein Aufdecken der kommunikativen Manipulation durch das Opfer i. d. R. vom Peiniger als „Mißverständnis", „Irrtum" oder „böswillige Unterstellung" dargestellt.

Vorgesetzte grenzen Mitarbeiter bisweilen dadurch aus, daß sie die Kommunikation mit ihnen total einstellen. Sie sind „in wichtigen Sitzungen", wenn der betroffene Mitarbeiter sie sprechen will, oder sie kommunizieren nur noch schriftlich über ihre Sekretärin mit ihnen.

Wie lange eine Person eine soziale Isolierung erträgt, ist individuell unterschiedlich. Meist wächst die psychische Verzweiflung jedoch rasch, unabhängig davon, ob jemand kollektiv isoliert oder nur durch einzelne ausgegrenzt wird. Soziale Isolation wirkt sich vor allem dadurch so schwerwiegend aus, weil sie sehr stark auf das *Selbstwertgefühl* und die *Selbstachtung* des Opfers zielt. Da unser Selbstbild viele Anteile der „Sicht der anderen von uns" beinhaltet, wirken sich systematische Feindseligkeiten durch das Umfeld natürlich auf das Selbstbild und damit das Selbstwertgefühl aus. Folgen finden sich in den bereits beschriebenen Streßsymptomen. Eine Kompensation der im Berufsleben erlittenen Kränkungen ist im Privatbereich meist nur in geringem Umfang möglich, da die Arbeit einen erheblichen Teil unserer Zeit umfaßt.

Subtiles Stadium

- Wichtige Informationen erreichen den gemobbten Mitarbeiter nicht. Änderungen von wichtigen Daten für die Arbeit, wie Preise, Zeiten, Namen neuer Lieferanten usw., werden „vergessen", dem Opfer mitzuteilen. Dadurch unterlaufen dem Betroffenen Fehler, die im Sinne des „Rabattmarken-Sammelns" registriert werden.

Druckstadium

- Eine Zusammenarbeit wird vermieden, indem unterschiedlichste organisatorische, zeitliche oder persönliche Begründungen geliefert werden.
- KollegInnen, die mit dem Opfer zusammenarbeiten wollen, werden selbst unter Gruppendruck gesetzt, indem sie mit Ausgrenzung bedroht werden.

- KollegInnen oder Vorgesetzte ignorieren das Opfer, indem sie sich so verhalten, als gäbe es die betroffene Person nicht. Sie wird nicht gegrüßt bzw. Grüße werden nicht erwidert, und Äußerungen werden überhört.
- KollegInnen blocken eine Zusammenarbeit im Vorfeld ab. Dies kann direkte Formen annehmen, etwa dann, wenn dem Vorgesetzten ganz klar gesagt wird: „Mit dem nicht!".
- Hilfestellung durch den Vorgesetzten oder die KollegInnen wird versagt. Beispielsweise, wenn das Opfer unter starkem Arbeitsanfall oder Zeitdruck steht.

Terrorstadium

- Türen werden demonstrativ verschlossen, wenn die betroffene Person in der Nähe ist.
- Ganze Abteilungen stehen in der Kantine auf, wenn das Opfer eintritt.

Beispiel:

Beim Mittagessen in der Betriebskantine beklagen sich einige KollegInnen über den neuen Mitarbeiter, Herrn S. Er sei nun bereits seit einigen Wochen im Betrieb, stelle aber immer noch zuviele Fragen und mache zuviele Verbesserungsvorschläge. Dadurch störe er die Ruhe in der Abteilung. Die zunächst scherzhaft geäußerte Bemerkung, man müsse ihn eben „auflaufen" lassen, wird am Ende des Essens zur festen Absicht: Herr S. soll so schnell wie möglich wieder gehen. Man einigt sich zunächst darauf, ihn ab morgen wie Luft zu behandeln.

Eine Kollegin, die dieses Verhalten mißbilligt, bekommt zur Antwort, daß es ihr genauso ergehe, wenn sie nicht mitmache. Einzelne verbreiten Gerüchte der Art, daß Herr S. kein Interesse an der Arbeit habe. Herr S. versucht trotz allem, den Kontakt auf freundliche und korrekte Weise aufrechtzuerhalten. Er spricht sich Mut zu und versucht, Verständnis für seine Kollegen aufzubringen, die sicherlich durch die Einführung eines neuen Mitarbeiters zusätzlich belastet würden. Obwohl sich Herr S. nun stark zurückhält, da er die „Botschaft" verstanden hat, geht das Kesseltreiben weiter. Herr S., trotz aller Vorsätze nach einigen Tagen entnervt, möchte eine Aussprache. Man weicht ihm mit fadenscheinigen Argumenten aus. Einzelne Mitarbeiter, die Herr S. im privaten Gespräch befragt, verurteilen zwar das Verhalten der anderen, wollten sich aber „nicht einmischen", da sie weder etwas gegen ihn noch gegen die anderen hätten.

Der Vorgesetzte, der bemerkt, daß es in der Abteilung „brodelt", befragt einzelne Mitarbeiter, was eigentlich los sei. Man schiebt Herrn S. die Schuld für die Unruhe zu. Er sei nicht willig, wisse alles besser und versuche die Abteilung auseinanderzudividieren. Er sei eben ein Unruhestifter. Der Vorgesetzte sucht das Gespräch mit Herrn S. und stellt ihn zur Rede. Wenn er sich nicht einfügen könne, habe er eine kurze „Karriere" in der Firma gemacht. Herr S., der sich verzweifelt rechtfertigt, ist nach dem Gespräch maßlos enttäuscht. Aus Trotz nimmt er sich jedoch vor, jetzt erst recht deutlich zu machen, daß nicht er das Problem sei.

Nach dem Gespräch mit dem Vorgesetzten, von dessen Inhalt die KollegInnen Kenntnis bekommen hatten, setzen diese noch eins drauf. Sie vereinbaren, vor der gesamten Belegschaft ihre Abneigung gegen Herrn S. zu demonstrieren, um ihn endgültig „fertig zu machen". Man will beim nächsten Essen in der Kantine, wenn S. wieder versuche, sich zu ihnen an den Tisch zu setzen, um „gut Wetter zu machen", geschlossen den Raum verlassen. Als Herr S. ein paar Tage später in der Kantine sein Essen bekommen hat und sich mit einem freundlichen Lächeln dem Tisch der KollegInnen nähert, stehen diese auf ein Kopfnicken hin auf, räumen ihre noch halbvollen Teller in den Ständer mit Altgeschirr und verlassen den Raum. Angestarrt von der übrigen Belegschaft stochert Herr S. in seinem Essen und verläßt ebenfalls kurz darauf die Kantine.

Am nächsten Tag meldet sich Herr S. krank. In den folgenden Wochen gibt es bei ihm ein gesundheitliches Auf und Ab. Sein Arzt verschreibt ihm Beruhigungspillen. Dadurch übersteht er sein tägliches Martyrium einigermaßen. Mittlerweile betreibt auch der Vorgesetzte die Trennung von Herrn S., da er die „Nase voll hat von dem ganzen Affentheater". Er versagt ihm jegliche Hilfe und informiert seine direkten Vorgesetzten und den Betriebsrat von seinem „Fehlgriff". Auf „Anraten" von ihm unterschreibt Herr S. schließlich nach vier Monaten einen Auflösungsvertrag.

2.3 Demontage des sozialen Ansehens

Alle Menschen haben das Bedürfnis, von ihrer Umwelt anerkannt und akzeptiert zu werden. Diese *Wertschätzung* der Person zeigt sich in Ansehen oder Prestige. Verletzen andere dieses Bedürfnis, kommen wir uns dumm, inkompetent oder machtlos vor. Mobber nutzen diesen psychischen Mechanismus bewußt aus, indem sie das *Selbstwertgefühl* ihres Opfers systematisch abbauen. Dies geschieht vorsätzlich über die persönliche Diffamierung. Dabei gehen sie so vor, daß sie das Opfer vor Dritten schlechtmachen, öffentlich lästern oder anderweitig im Unternehmen herabsetzen. Viele Psychoterroristen genießen den aufkommenden Ärger und die Hilflosigkeit der Betroffenen.

In vielen Lebenszusammenhängen überzeichnet man Eigenheiten von Personen, etwa von Lehrern in Schülerzeitungen oder Vorgesetzten in Sketchen bei Betriebsfeiern. Dies dient meist dazu, vorhandene Angst vor diesen Personen zu mindern. Im Unterschied dazu geht es Mobbern um das Verunglimpfen des Individuums.

Natürlich kann alles auch „hinten herum" laufen, so daß der oder die Betroffene nur plötzliche Zurückhaltung oder Ablehnung anderer spürt, ohne sich dieses Verhalten erklären zu können. Gerüchte, die ansonsten in ihrer Funktion als Informationsersatz beim alltäglichen Klatsch und Tratsch relativ harmlos sind, werden zu Waffen umfunktioniert, um den Betroffenen auf Dauer zu ruinieren und sein Ansehen zu zerstören. Über das Opfer wird verbreitet, es habe gekündigt oder es gehöre einer bestimmten Sekte an. Der Ehepartner erhält anonyme Nachrichten über angebliche im Betrieb bestehende Verhältnisse. Dabei ist es unerheblich, ob die in Umlauf gesetzten Nachrichten wahr, halbwahr oder unwahr sind. Ausschlaggebend für den Schikaneur ist, daß die verbreitete Information fremde Kräfte gegen das Opfer freisetzt.

Überproportional sind *Behinderte* Opfer von Mobbing. *Ernst Klee* hat dieses gesellschaftliche Phänomen bereits vor über

20 Jahren beschrieben (1974, 1980). Er sieht als Ursache die Einstellungen und Vorurteile der Gesellschaft gegenüber Behinderten (ebenda). In der Mobbing-Situation werden diese dann in Form von Spott als Waffe gegen Betroffene eingesetzt. Typisch ist die Situation des Stotterers, dessen Behinderung sich hervorragend für boshafte Belustigungen eignet. Aber auch „Spitznamen" dienen als Werkzeug, um das Opfer zu demütigen, beispielsweise dann, wenn ein Mitarbeiter mit einer wie auch immer gearteten Körperbehinderung mit „Spasti" angesprochen wird.

Besonders beliebt ist es, zur Rufschädigung Ereignisse aus der Vergangenheit wiederzubeleben, eine Ehescheidung oder die Aufgabe einer selbständigen Existenz.

Fatal ist für die Betroffenen, die einer Demontage ihres sozialen Ansehens ausgesetzt sind, daß sie das, was hinter ihrem Rücken abläuft, meist nicht mitbekommen, nicht zuletzt wegen der menschlichen Bereitschaft, fehlendes reales Wissen durch Vorurteile und selbstgeschaffene Information zu ersetzen. Wenn sie dann endlich mit den ausgestreuten Gerüchten, dem Klatsch und der Flüsterpropaganda konfrontiert werden, ist ihr Ruf soweit geschädigt, daß sie ihn kaum noch reparieren können. Schließlich gilt: „Wo Rauch ist, ist auch Feuer". Beispiele aus dem gesellschaftlichen Leben, wie etwa die „Kießling-Affäre", zeigen, wie schwer es ist, das Ansehen einer in Mißkredit geratenen Person wieder herzustellen.

Subtiles Stadium

- Es werden geheimnisvolle Anspielungen durch zweideutige Bemerkungen gemacht, die für das Opfer nicht verständlich sind und es irritieren. Die gedankliche Weiterbeschäftigung führt zu Verwischungen zwischen eigener Wahrnehmung und dem Gehörten.
- Der oder die Betroffene fühlt, daß hinter ihrem Rücken getuschelt wird, ohne konkrete Anhaltspunkte zu haben.

- Man unterhält sich über vermeintliche Charakterdefizite wie Entscheidungsschwäche, geringe Belastbarkeit oder Alkoholmißbrauch.
- Private Interessen, Vorlieben, Partnerschaft oder Familie werden immer wieder unter Beschuß genommen, indem sie im Kollegenkreis ungeniert diskutiert, beurteilt und bewertet werden.
- Pannen, Defekte, Beschädigungen usw. werden auf unterschwellige Art dem Schikanierten unterschoben. Teure Geräte des Streßlabors der Uni sind verschwunden: „Hatte nicht XY seinerzeit die Verantwortung für die Geräte?"

Druckstadium

- Die Art sich zu kleiden, die Frisur oder, besonders beliebt, die Figur, werden zur Zielscheibe gehässiger Bemerkungen.
- Man ahmt die Behinderung, ob körperlich oder psychisch, nach und macht sich vor dem Opfer darüber lustig.
- Vorfälle werden generalisiert und hochgespielt: Wenn Herr Y z. B. in einem Lokal an einem Spielautomaten gesehen wird, so wird dies zur Spielsucht hochstilisiert.

Terrorstadium

- Kollegen oder Vorgesetzte ziehen immer wieder in Gegenwart des Opfers über dessen Überzeugungen her, beschimpfen es deswegen oder machen sich darüber lustig.
- Die Verleumdungen, die den Betroffenen treffen sollen, erhalten ständig Nachschub und werden auch schriftlich durch anonyme Schriftstücke oder Mitteilungen, z. B. im Computernetz, verbreitet.
- In der Firma wird ausgestreut, daß der oder die Betroffene anscheinend psychisch krank sei, ansonsten könne man sich nicht so verhalten. Häufig wird das Opfer auch auf seinen „Verfolgungswahn" direkt angesprochen, bzw. man gibt zu verstehen, daß es „wohl nicht ganz richtig sei im Kopf".

Beispiel:

Der Versicherungsmitarbeiter M., 50 Jahre alt, seit 20 Jahren bei einer Versicherungsgesellschaft angestellt, wird entlassen, weil ihm „Betrug" vorgeworfen wird. Tatsache ist, daß die Gesellschaft ihre Organisation „schlanker" machen möchte und auf M. verzichten kann. M. hatte stets korrekt und im Sinne des Unternehmens gehandelt. Da flexible Arbeitszeit eingeführt ist, können die Mitarbeiter bis auf eine „Kernzeit" kommen und gehen, wann sie möchten. Besuche bei Kunden, Heimarbeit oder Termine außerhalb des Hauses werden im Zeiterfassungsgerät mit „komme dienstlich" quittiert.

Eines Tages tauchten im Kollegenkreis Anspielungen auf. M. wurde gefragt, wie es im Freibad war und ob es sich tagsüber besser einkaufen ließe als nach Feierabend. Als er die Kollegen daraufhin fragte, was denn eigentlich „los sei", erklärten sie ihm, daß „man" davon rede, daß er seine Arbeitszeit für private Dinge nutze. Da sich M. keinerlei Schuld bewußt war, versuchte er, über einen befreundeten Abteilungsleiter Licht in die Angelegenheit zu bringen. Dieser war im Gespräch sehr reserviert, was neu für M. war, da sie sich sonst blendend verstanden. Der Abteilungsleiter klärte M. darüber auf, daß eine Geschichte im Hause die Runde mache, wonach man ihn des öfteren, wenn in seiner Zeiterfassungskarte „komme dienstlich" eingetragen gewesen wäre, bei der Erledigung privater Angelegenheiten gesehen hätte. M. fragte den Abteilungsleiter, wer solche Gerüchte in die Welt setze, und bekam die Antwort, daß er dies ehrlicherweise nicht wüßte. Er könne sich aber auch nicht vorstellen, daß sich „irgendwer" solche Anschuldigungen aus den „Fingern sauge". M. solle doch bitte einmal darüber nachdenken, wie solche Anspielungen zustande kämen, da diese ja nicht von ungefähr kämen. Darüber hinaus solle er vorsichtig sein, denn er hätte etwas „von einer Kündigungsliste" gehört. Ansonsten hätte man sich heute ja nichts mehr zu sagen.

M., der über diese Vorfälle äußerst beunruhigt und verärgert war, konnte trotz intensiver Bemühungen die Quelle für diese Anschuldigungen nicht ausfindig machen. M. wurde wochenlang im ungewissen gelassen. Vorsichtige Anfragen bei seinem Vorgesetzten und dem Betriebsrat wurden ihm als „schlechtes Gewissen" ausgelegt. Von seinen Kollegen bekam er immer wieder zu hören, daß er sich doch bitte nicht so ungeschickt hätte anstellen müssen, da nun die ganze Regelung der Kundenbesuche, Heimarbeit usw. in Frage gestellt sei. Es seien ja ohnehin keine verbindlichen Spielregeln gewesen, sondern ein Entgegenkommen der Firma, die dies stillschweigend akzeptiert hätte. M. geriet zunehmend in Isolation. Sein Ansehen in der Firma war auf einem Tiefpunkt. Witze wurden über ihn gemacht, etwa dieser: „Was ist die kürzeste Entfernung zwischen zwei Fettnäpfen?" Antwort: „ein M." Seinen Ärger und seine Wut über diese von ihm als ungeheuerliche Ungerechtigkeit empfundene Behandlung ließ er zunehmend zu Hause aus. Er begann zu trinken und versäumte als Folge davon Termine. Auch legte er sich immer häufiger mit seinen Kollegen und seinem Vorgesetzten an. Personen, die ihm bisher wohlgesonnen waren, wandten sich von ihm ab. Neue Vermutungen kamen auf, M. sei den Anforderungen seiner Position nicht mehr gewachsen, suche daher im Privaten und im Alkohol Trost. Seinen Ärger über die eigene Unfähigkeit ließe er an anderen aus. Was man schon immer vermutet habe, daß er die Firma betrüge, sei nun, nachdem man sein „wahres Gesicht" kenne, so unwahrscheinlich nicht.

Nachdem ein ³/₄ Jahr vergangen war, wurde M. eines Tages von seinem Vorgesetzten, dem Bereichsleiter und einem Mitarbeiter der Rechtsabteilung sowie einem Mitglied des Betriebsrates zu einem Gespräch gebeten. Bei dieser Zusammenkunft wurde er mit den „Unterlagen" konfrontiert, die sich über ihn angesammelt hätten. Schwerster Vorwurf: M. hätte seine Firma jahrelang betrogen, indem er Zeiten aufgeschrieben habe, in denen er nicht für das Unternehmen unterwegs war. M. wurde im „eigenen Interesse" nahegelegt zu kündigen. Geschähe dies nicht, sähe man sich gezwungen, ihn von seiten der Firma zu kündigen. M. wollte ganz offen vom Vertreter des Betriebsrats wissen, mit welcher Unterstützung er rechnen könne. Der Arbeitnehmervertreter erklärte ihm frank und frei, daß es dafür jetzt zu spät sei, weil keiner der Kollegen mehr mit ihm zusammenarbeiten wolle. Ein paar Tage nach diesem Gespräch erhielt M. die schriftliche Kündigung. Für eine juristische Auseinandersetzung fehlte M. am Ende die Kraft. Seither ist er arbeitslos.

2.4 Reduzierung der Arbeits- und Lebenszufriedenheit

Alle Voraussetzungen, um mit seiner Arbeit und seinem Leben zufrieden zu sein, werden durch Schikaneure in der Firma gezielt manipuliert. Denn wer am Arbeitsplatz dem Psychoterror des Vorgesetzten oder der Kollegen ausgesetzt ist, dessen Wohlbefinden wird massiv beeinträchtigt. Schwierigkeiten am Arbeitsplatz wirken sich unweigerlich auch auf das Privatleben aus, da die Arbeit für die meisten Menschen in unserer Gesellschaft von sehr hohem Wert ist. Über sie definieren sie vor allem ihr Selbstwertgefühl, weil wichtige soziale Gefüge wie die Familie ihre frühere Bedeutung weitgehend verloren haben. Die Definition der gesellschaftlichen Position über die Arbeit ist daher für das subjektive Wohlbefinden von zentraler Bedeutung. Arbeitslosigkeit wird deshalb auch von Sozialwissenschaftlern als *„sozialer Herzinfarkt"* bezeichnet. Die Arbeits- und in der Folge davon die Lebenszufriedenheit wird gleichfalls mit den infamsten Mitteln sabotiert. Auch hierbei können unterschiedliche Stufen im Vorgehen der böswilligen Kollegen und Vorgesetzten unterschieden werden.

Subtiles Stadium

● Dem Opfer werden Aufgaben übertragen, die letztendlich für den Papierkorb sind, z. B. Statistiken ohne Aussagekraft oder Sortier- und Ablagearbeiten, die z. B. mit dem Computer viel schneller erledigt werden könnten.

Druckstadium

● Arbeiten unter der eigenen Qualifikation und denen der KollegInnen müssen ausgeführt werden.
● Arbeiten, die nicht in das eigentliche Aufgabengebiet gehören, müssen ausgeführt werden. Z. B. muß eine Referatsleiterin Kaffee kochen und diesen auch servieren.
● Die klassische Methode, um dem/der Betroffenen die betriebliche Existenzberechtigung zu nehmen, besteht darin,

48

ihre Kompetenzen zu beschneiden, Aufgaben den KollegInnen zu übertragen und ihn nicht mehr zu informieren, so daß keine Möglichkeit besteht, eigeninitiativ Arbeiten zu erledigen.

● Werkzeuge, Unterlagen, Briefe des Opfers sind plötzlich unauffindbar.

● Meetings, Besprechungen mit Kunden und andere wichtige Zusammenkünfte werden bewußt falsch anberaumt. Beschwerden des Opfers abgetan, indem ihm die Schuld dafür zugeschoben wird.

Terrorstadium

● Aufgaben, die für das Opfer schon immer problematisch waren oder für die es nicht die geeignete Ausbildung besitzt, werden ihm bewußt zugewiesen. Das Scheitern des Opfers wird bewußt gewollt, um deutlich zu machen, daß das Opfer „fehl am Platze ist".

● Wichtige Informationen, auf die der oder die Schikanierte warten, etwa Briefe, werden unterschlagen.

● Gerätschaften des oder der Betroffenen werden unbrauchbar gemacht, so daß wichtige Arbeiten nicht oder nur verspätet erledigt werden können.

● Arbeiten des Opfers werden verfälscht oder beschädigt. Beispielsweise wird das Einladungsschreiben der Vorstandssekretärin an die Mitglieder des Aufsichtsrates einer genossenschaftlichen Bank im Textprogramm des Computers mit Fehlern versehen. Oder der Motor eines Fahrzeugs, der von einem Automechaniker einwandfrei repariert wurde, wird von Kollegen nachträglich manipuliert.

Beispiel:

Verzweifelt weinend sitzt die Angestellte Frau F. ihrem Arzt gegenüber: „Ich kann einfach nicht mehr, mir fehlt die Lebensfreude, ich geh' da nicht mehr hin, bitte schreiben Sie mich krank." Frau F. kommt mit Ihrem Anliegen zu einem ungewöhnlichen Zeitpunkt zu ihrem Arzt. Sie ist 59 Jahre alt und hat bis zu ihrer Pensionierung nur noch drei Monate zu arbeiten. Daß sie das nicht durchhalten kann, ist auf den ersten Blick unverständlich. Beim näheren Betrachten der vergangenen zwei Jahre, über die sich die Geschichte von Frau F. erstreckt, erscheint ihr Verhalten jedoch verständlich. Begonnen hat für sie alles mit dem Eintritt einer neuen Kollegin ins Team: „Die Neue, war sich von Anfang an zu schade für bestimmte Arbeiten. Sie kannte sich mit dem Computer besser aus als wir Altgedienten, und so war sie beim Chef schnell beliebt. Sie erhielt dann auch rasch ein eigenes Zimmer und einen PC. Damit hätten wir uns ja noch abfinden können, aber die Arbeitsaufteilung war dann auch sehr ungerecht. Die Neue hatte fast nichts zu tun und langweilte sich in ihrem „Einzelzimmer", während wir an der Front das Telefon, den Publikumsverkehr und unsere übrigen Aufgaben zu bewältigen hatten. Eigentlich waren es dann die täglichen Nadelstiche, die mir die Arbeit vergällten. Sie machte immer wieder spitze Bemerkungen über mein Arbeitspensum und versuchte bei jeder Gelegenheit zu beweisen, wieviel schneller, intelligenter und kompetenter sie sei. Manchmal verschwanden über Nacht Dateien aus meinem PC, einmal waren mehrere hundert neu erfaßte Adreßdaten einfach verschwunden. Ich war total fertig, die Arbeit von einigen Tagen war einfach weg. Meine anderen Kolleginnen konnten mich da auch nicht trösten, und zum Helfen, den Schaden wieder gut zu machen, hatten sie keine Zeit. Die Neue hat nur gesagt: 'Wie hast du das wieder geschafft?' Ich hätte sie in dem Moment umbringen können. Aber man kann ja nicht einfach sagen: 'Das warst du doch, du gemeines Aas!' Ich hätte es ja gar nicht beweisen können. Einmal kam ich morgens und fand meinen ganzen Schreibtisch ganz unter Ordnern und Unterlagen vergraben. Ein Schrank fehlte. Ich sah den Haufen Unordnung, und es war mir, als ob ich bei meinem eigenen Begräbnis zuschaute. Ich habe mich wahnsinnig beherrschen müssen, um nicht gleich in Tränen auszubrechen. Auf meine Frage, was denn passiert wäre, antwortete mir die Kollegin, sie hätte das mit dem Chef besprochen, der Schrank würde dringend in ihrem Zimmer gebraucht. Am liebsten hätte ich mich auf dem Absatz umgedreht und wäre heimgegangen." Während dieser zwei Jahre entwickelten sich bei Frau F. diverse Beschwerden, für die sich keine körperliche Ursache finden ließ: Herzrasen, Kreislaufattacken, morgendliche Übelkeit, Migräneanfälle. Ein Wechsel der Arbeitsstelle kam für sie aufgrund ihres Alters nicht mehr in Frage. Durchhalten und möglichst bald aufhören zu arbeiten, war ihre Devise.

2.5 Direkte Angriffe auf die Gesundheit und das Wohlbefinden

Wie bereits deutlich wurde, führen Beeinträchtigungen der Arbeits- und Lebenssituation zwangsläufig durch den erzeugten psychosozialen Streß zu negativen Folgen für die Gesundheit und das allgemeie Wohlbefinden. Darüber hinaus gibt es aber auch *direkte Angriffe* auf die psychische und physische Gesundheit.

Direkte Attacken auf die *seelische Gesundheit* sind in Versuchen zu sehen, die betroffene Person psychisch massiv zu verletzen. Der abgeschlagene Schweinekopf aus dem Schlachthof auf dem Fußabstreifer vor der Wohnungstür, das Postpaket mit Exkrementen oder die Lieferung von zwanzig verschiedenen Sorten von Pizza, geordert für das Opfer in diversen Pizzerien der Stadt, stellen derartige Versuche dar.

Konkrete Angriffe auf die *körperliche Gesundheit* können unterschiedliche Formen und Ausprägungen annehmen. Sie reichen vom „scherzhaften" Drohen mit körperlicher Gewalt bis zu strafrechtlich relevanten Handlungen. Körperliche Gewalt zeigt sich vor allem dort, wo Männer zusammenarbeiten, und insgesamt eher im Bereich mit niedrigen Qualifikationsanforderungen.

Allen diesen Anschlägen auf die Gesundheit ist gemein, daß sie eigentlich ein anderes Ziel als die Schädigung des Opfers verfolgen. Sie sind vielmehr Instrumente dafür, den oder die Betroffene einzuschüchtern und zu verunsichern.

Subtiles Stadium

- „Versehentliches" Einschließen im Büro oder in der Werkstatt.
- Attacken werden als Versehen oder Neckerei getarnt. Klassisches Beispiel hierfür ist das auch bei Kindern und Jugendlichen leider immer noch beliebte „Stuhlwegziehen". Dieser in der Regel als Scherz getarnte Angriff auf die Gesundheit kann schwere Schäden nach sich ziehen.

51

Druckstadium

- Bewußtes Herbeiführen von kleinen Unfällen und körperliche Mißhandlungen.
- Sicherungen werden herausgedreht.
- Ausgaben, die die Kollegen verursacht haben, werden auf die Kostenstelle des Opfers gebucht. Ferngespräche werden auf seinem Telefon geführt und Fotokopien mit seinem Code produziert.
- Informationen werden verfälscht, Daten auf Computern gelöscht, Briefe unterschlagen, Akten und Werkzeuge verschwinden.
- Sexuelle Übergriffe finden statt. In erster Linie Handlungen gegenüber Frauen, die von diesen unerwünscht oder als abwertend und erniedrigend empfunden werden. Dabei werden i. d. R. die von der Frau gesetzten Grenzen überschritten. Schätzungen gehen davon aus, daß 3–5 % aller Mobbing-Fälle in Deutschland in die Kategorie „sexuelle Belästigung" fallen.

Terrorstadium

- Meist sind es Anspielungen auf körperliche Gewalt, die das Opfer als direkte Drohung empfindet. Direkte Androhung von Gewalt geschieht auch über Drohbriefe, z. T. aber auch durch gezielte Bemerkungen.
- Autoreifen werden zerstochen und Antennen verbogen.
- Fensterscheiben werden eingeworfen.
- Obwohl eine Mitarbeiterin ein schmerzhaftes Venenleiden an den Beinen hat, wird sie gezwungen, aus ihrer Kassierertätigkeit in eine stehende Tätigkeit im Verkauf zu wechseln.

Beispiel:

Hans M. war seit mittlerweile einem Jahr als Maurer bei einer Bauunternehmung im Schwäbischen beschäftigt, als sein Vorgesetzter, ein erfahrener Meister, mit dem sich M. sehr gut verstand, aus Altersgründen den Betrieb verließ. Der Unternehmer hatte rechtzeitig nach einem jüngeren Meister Ausschau gehalten, der nun den Posten übernahm. Der Neue, um etwa fünf Jahre jünger als M., machte keinen Hehl daraus, daß es von jetzt an anders laufen sollte. Freiheiten, die M. durch den früheren Vorgesetzten eingeräumt worden waren, beschnitt der Neue. M. wehrte sich vehement dagegen, was dazu führte, daß es immer häufiger zu Auseinandersetzungen kam. M. wandte sich an den Inhaber und klagte ihm sein Leid. Dieser war sehr verwundert, da er nur „das Beste" über den neuen Meister gehört hatte, was ja auch den Ausschlag für ihn gegeben hatte, ihn einzustellen. Der Unternehmer gab M. den Rat, „ein wenig guten Willen zu zeigen". M. wollte es noch einmal versuchen, nahm sich aber vor, sich zu wehren, wenn der Neue ihn drangsaliere.

Nach ca. drei Wochen bat der neue Meister M. zu einem vertraulichen Gespräch. Darin machte er M. deutlich, daß es so nicht weitergehen werde. Er lasse sich von M. nicht seine neue Position „kaputtmachen", bloß weil dieser der Meinung wäre, er würde nicht entsprechend behandelt. Wenn M. nicht „spure", werde er ihn „über die Klinge" springen lassen, und letztendlich gäbe es noch ganz andere Mittel, um mit ihm fertig zu werden. M. ließ sich nicht einschüchtern und kündigte seinen Widerstand an.

Drei Wochen nach diesem Gespräch fand M. sein Auto, das er in einer Seitenstraße in der Nähe der Baustelle geparkt hatte, mit durchstochenen Reifen vor. Eine Anzeige bei der Polizei erbrachte keinen Erfolg. Es folgten weitere Vorfälle. So waren Arbeiten, die M. ausgeführt hatte, tags darauf verändert. Gerade gemauerte Wände hatten plötzlich einen „Bauch", und Werkzeug, das er am Vortag von Mörtel gereinigt hatte, war verschmutzt und verkrustet und damit unbrauchbar geworden. Der Neue rüffelte M. nach solchen Vorfällen genüßlich vor der ganzen Gruppe und informierte auch den Bauunternehmer über die „Pfuscharbeit". M. beschloß, dem Treiben auf die Spur zu kommen und kam nach Feierabend heimlich auf die Baustelle zurück. Er ertappte seinen Vorgesetzten dabei, wie dieser sich an einer frisch von M. gemauerten Wand mit einem Gummihammer zu schaffen machte. Es kam zu einer massiven Auseinandersetzung mit Handgreiflichkeiten und der Drohung von M., daß der Vorfall Konsequenzen haben werde.

Am gleichen Abend rief M. den Inhaber an und schilderte ihm den Vorfall. Dieser konnte das Geschilderte kaum glauben, versprach aber, am nächsten Tag auf der Baustelle zu erscheinen und die Sache zu klären. M. kam am nächsten Morgen etwas früher, um sich den Schaden noch einmal in Ruhe zu betrachten und sich auf das Gespräch vorzubereiten. Da die Leiter zum Gerüst verschwunden war, mit der er an das durch ihn errichtete Teilstück einer Außenmauer gelangen konnte, mußte M. den Weg über eine frisch betonierte, aber bereits begehbare und durch Stützen von unten stabilisierte Zwischendecke nehmen. Kurz vor der Mauer gab der Boden unter M. plötzlich nach, und er fiel ca. vier Meter in die Tiefe. Dort wurde er kurze Zeit später bewußtlos von Kollegen gefunden, die sofort den Notarzt riefen. M. wurde in eine Fachklinik für Neurologie eingeliefert, da er durch den Sturz eine Schädel-Hirn-Verletzung davongetragen hatte. Die Kriminalpolizei und die Berufsgenossenschaft, die den „Unfall" untersuchten, konnten trotz umfangreicher Recherchen nicht feststellen, wer die Stützen im Erdgeschoß, die am Vortag angebracht worden waren, vorschriftswidrig entfernt hatte. M. kann seit seinem Sturz seinen Beruf nicht mehr ausüben. Trotz einer durch die Berufsgenossenschaft bezahlten Rehabilitationsmaßnahme ist M. in seiner Merkfähigkeit stark beeinträchtig und leidet unter starken Kopfschmerzen. Zudem ist er extrem reizbar geworden und hat bis jetzt keine seinem derzeitigen körperlichen und geistigen Gesamtzustand entsprechende Beschäftigung gefunden.

2.6 Zusammenfassung

Ähnlich wie bei ganz normalen Konflikten zeigt sich auch bei Mobbing-Handlungen die Tendenz zur Eskalation. D. h., was zunächst unterschwellig beginnt, sich zum Druck steigert, kann im Terror gegen das Opfer enden. Der durch die Schikanen von Kollegen oder Vorgesetzten verunsicherte und zermürbte Betroffene macht nun tatsächlich die unterstellten Fehler, verhält sich gereizt und ist nicht mehr voll leistungsfähig. Der Einstieg in den Teufelskreis von Druck, Schikane und Psychoterror einerseits und verstärkter Angreifbarkeit des Opfers andererseits hat begonnen. So finden sich immer neue Schwachstellen, an denen die Bosheit der Mobber ansetzen kann.

Die Ansatzpunkte sind dabei nicht für alle Schikaneure gleich. Je höher die Hierarchieebene und je qualifizierter die

Tätigkeit, desto eher werden die beruflichen Fähigkeiten und Fertigkeiten in Frage gestellt und die Ergebnisse der Arbeit manipuliert.

Auf unteren Ebenen erfolgen vermehrt Attacken auf das Privatleben, die Person selbst oder bestimmte Charakteristika des Individuums. Dies wird schematisch in Abbildung 7 dargestellt.

ANGRIFFE AUF

	Person	Arbeit
HOCH	Weniger Attacken auf die Persönlichkeit	Infragestellung der beruflichen Kompetenz
HIERARCHIE		
NIEDRIG	Angriffe auf die Persönlichkeit	Weniger Attacken auf berufliche Kompetenz

Abb. 7: Das Verhältnis von hierarchischer Position und vorherrschender Form von Mobbing-Handlungen

3. Das Erkennen von systematischen Anfeindungen und Chancen zur Veränderung

Wissenschaftliche Definitionen sind i. d. R. das Resümee aus entsprechenden Untersuchungen und versuchen, die gewonnenen Erkenntnisse als Modell der Realität abzubilden. Dies ist auch wichtig und hilfreich; gleichzeitig gilt es jedoch zu erkennen, daß diese Abbildungen der Wirklichkeit immer etwas anders ausfallen als die Realität selbst. Daher stellt sich im Rahmen der Fürsorgepflicht des Vorgesetzten die Frage, wie dieser Schikanen rechtzeitig erkennt, ohne lange überprüfen zu müssen, ob die Kriterien des Modells zutreffend sind. Überdies hat sich in den bereits zitierten schwedischen Studien gezeigt, daß die durchschnittliche Mobbing-Dauer bei 1 $^{1}/_{4}$ Jahren liegt, d. h., bei einem derart langen Zuwarten des Vorgesetzten wäre das „Kind bereits in den Brunnen gefallen". Auch ergeben meist einzelne Mosaiksteine, wie kleinere Auseinandersetzungen, Spannungen und Konflikte, erst in der Retrospektive ein konturiertes Bild der Schikane. Darüber hinaus können die Einzelfaktoren im Mobbing-Geschehen, etwa die Persönlichkeit des Opfers, die Intensität und Frequenz der feindseligen Handlungen usw. auch bereits nach viel kürzerer Zeit ihre Wirkung zeigen, vielleicht bereits nach 1–2 Monaten. Dies ist um so einleuchtender, je genauer man sich den Katalog der möglichen, z. T. fragwürdigen 45 Handlungsweisen *Leymanns* anschaut. Sehr vieles läuft unterschwellig und ist zunächst kaum als Böswilligkeit zu identifizieren. Hinzu kommt, daß die Täter ihre Boshaftigkeiten variieren. Wird an einem Tag über die Kleidung gelästert, verschwindet am nächsten ein wichtiger Brief, und am dritten Tag wird der gemobbte Kollege vielleicht „versehentlich" im Büro eingeschlossen.

3. 1 Woran läßt sich Mobbing erkennen?

Am leichtesten läßt sich Psychoterror – in welcher Form auch immer – erkennen, wenn schon alles zu spät ist. Immer wieder findet man Fallbeispiele, in denen ein Beteiligter sich das Leben genommen oder einen Selbstmordversuch verübt hat. Auch das Auftreten einer Alkohol-, Medikamenten- oder sonstigen Abhängigkeit kann die Konsequenz von Mobbing sein. Kündigungen von Arbeitnehmern sind gleichfalls ein Signal für den Erfolg lange anhaltender systematischer Gemeinheiten. Aber selbstverständlich können alle diese Phänomene auch andere Ursachen haben. Im Einzelfall bedarf es einer mühevollen Aufklärung und ist letztlich doch wertlos, da zu spät. In der Praxis heißt das, daß man die *frühen Symptome* erkennen muß, um rechtzeitig eingreifen zu können.

Um Bossing, Mobbing und die anderen Spielarten des Bösen in seinen Anfängen zu erkennen, ist es nützlich, den gesamten, meist regelhaft verlaufenden Prozeß näher zu betrachten:

Folgende vier Phasen können identifiziert werden:

Phase 1 – der Auftakt. Es gibt einen *Konflikt.* Die Parteien bemühen sich meist um Aufklärung bzw. umgehen das Thema. Es besteht ein Kräftegleichgewicht. Die Rollenverteilung (Kollegen untereinander) kann noch nicht eindeutig beobachtet werden. Auffallend ist, daß der Konflikt keiner echten Lösung zugeführt werden kann. Die Parteien sind oft aggressiv, es wird mit allen Mitteln gekämpft. Auch wenn Kompromisse gefunden werden, bleibt unterschwellig eine Spannung bestehen.

Phase 2 – Eskalation. Der meist sachlich begründete Konfliktauslöser ist in den Hintergrund gerückt. Das aggressive Verhalten bleibt bestehen, wird jedoch von allen als lästig empfunden. Die Hoffnung, daß endlich wieder Ruhe einkehre, wird durch *Überschreitung der persönlichen Grenzen* des Konfliktpartners zunichte gemacht. Es zeichnet sich bei einer Partei ab, daß die Kraftreserven aufgebraucht sind und die Angriffe nicht mehr effektiv abgewehrt werden können.

Phase 3 – Resignation. Die *Rollenverteilung* ist erfolgt, der aktiv Mobbende verliert den Respekt vor seinem Konfliktpartner und verletzt kontinuierlich dessen persönliche Grenze. Das Opfer zeigt kaum oder keinen Widerstand mehr.

Phase 4 – Kapitulation. Das Opfer ist wegen seiner eigenen Hilflosigkeit *depressiv und verzweifelt*. Es wird aus dem Team / der Abteilung / dem Unternehmen ausgestoßen oder flüchtet (Krankheit / Kündigung / Selbstmord). Mobber und Sympathisanten sehen ihre „Prognosen" über den Kollegen bestätigt.

3.1.1 Frühe Alarmsignale

Sowohl während des Auftaktes (Phase 1) als auch nach erfolgter Kapitulation (Phase 4) sind Eingriffe durch Beteiligte zwecklos bzw. überflüssig. In den Anfängen unterscheidet sich Mobbing noch nicht von einem ganz normalen Konflikt und könnte auch wie ein solcher gelöst werden. Kapituliert einer der Beteiligten, sind die entstandenen Schäden und Verletzungen meist zu gravierend, um sie noch heilen zu können.

Möglich und sinnvoll sind Interventionen in den Phasen 2 und 3. Für den aufmerksamen Beobachter gibt es genügend Anhaltspunkte für das Vorliegen von Mobbing. Beispiele für frühe Alarmsignale sind:

Beschwerden. Es wird kaum ein Betroffener zu seinem Vorgesetzten gehen und sagen: „Ich werde gemobbt." Wenn aber ein Mitarbeiter sich über systematische Angriffe auf seine Arbeit oder seine Person beschwert, kann das ein Hinweis sein. Auch oder gerade, wenn die vorgetragenen Angriffe im Detail lachhaft klingen (siehe Mobbing-Techniken), sollte die

58

Beschwerde ernstgenommen werden und Anlaß für eine sensibilisierte Beobachtung sein.

Ständige Streitereien. Konflikte gehören zu einer konstruktiven Arbeitsatmosphäre. Wichtig ist dabei vor allem, daß sie offen ausgetragen werden und nicht unterschwellig wuchern. Wenn jedoch trotz ausgiebiger Konfliktlösungsversuche sich immer wieder dieselben Parteien in die Haare geraten, könnte dies ebenfalls ein Hinweis auf Mobbing sein. Übereinstimmend wird berichtet, daß heftige Wutausbrüche (z. B. auf Kritik), Jähzorn und Destruktivität gegen Sachen und auch Menschen sowohl auf ein verzweifeltes Mobbing-Opfer als auch auf einen aggressiven Peiniger hindeuten können.

Isolation einzelner Mitarbeiter. Sicherlich gibt es in jedem Unternehmen Menschen, die weniger soziale Kontakte wünschen und haben als andere. Wenn jedoch ein Mitarbeiter immer allein in die Kantine kommt, bei keinem festlichen Anlaß dabei ist und in schwierigen Situationen keine Unterstützung oder Rückendeckung durch irgendeinen Kollegen erhält, kann dies die systematische Ausgrenzung durch Mobbing bedeuten.

Innere Kündigung. Sie sind nicht unbedingt auf den ersten Blick zu erkennen, die „inneren Emigranten". Sie machen meist brav ihren Dienst nach Vorschrift und denken und handeln wie die Mehrheit. Eigene Vorschläge und Ideen kommen selten von ihnen, sie haben auch kaum Ambitionen, sich für eine Idee stark zu engagieren. Sie bestehen nicht auf ihren Kompetenzen und wehren sich auch nicht gegen Eingriffe in ihren Arbeitsbereich. Je nach vorherrschender Unternehmenskultur muß man schon etwas genauer hinsehen, um zu entdecken, daß sie sich während ihrer Arbeitszeit nur noch so „dahindiensten". Auffallend häufige Fehlzeiten wegen Krankheit oder Familienangelegenheiten sind ein verläßliches Zeichen für das Vorliegen einer inneren Kündigung.

Angst vor bestimmten Aufgaben. Geht ein Mitarbeiter plötzlich bestimmten Aufgaben aus dem Weg, könnte es damit zu tun haben, daß er durch die Meidung der Aufgabe auch den Berührungspunkt zum Mobber zu meiden versucht. Das kann sowohl räumlich als auch vom Arbeitsablauf her der Fall sein.

Fehlzeiten. Erhöhte Fehlzeiten wegen Arztbesuchen oder Krankschreibungen sind für Führungskräfte ohnehin schon ein Alarmsignal. Liegt kein organisch verursachtes Dauerleiden vor, stellt sich die Frage, warum jemand so oft krank ist. Meist ist sie nur durch sorgfältiges Beobachten des Umfeldes zu beantworten.

3.1.2 Das Phasenmodell von Leymann

Nach *Leymann* (1993,1994) können vier Phasen des Mobbing-Verlaufs unterschieden werden (vgl. Abb. 8).

Das Verlaufsmuster von *Leymann* ist ein relativ starres Raster des Ablaufs eines Mobbing-Prozesses. Die Realität zeigt jedoch, daß Mobbing-Opfer sich durchaus wehren können, wenn sie sich rechtzeitig mit geeigneten Partnern gegen ihre Peiniger solidarisieren bzw. psychotherapeutische oder juristische Unterstützung suchen. Insofern stellt der Ablauf nach *Leymann* nur einen von vielen möglichen Verläufen dar. Daher wurden in die ersten drei Phasen die möglichen „Ausstiege" aus der „Schikanespirale" in das Schema von *Leymann* eingearbeitet.

Darüber hinaus sind mit Sicherheit weitere Fragen zu berücksichtigen, die einen Einfluß auf *Intensität und Verlauf* des betrieblichen Psychoterrors haben:

1. Handelt es sich um KollegInnen oder Vorgesetzte?
2. Sind die Mobber Frauen oder Männer?
3. Welche der 45 Mobbing-Varianten werden eingesetzt?
4. Werden die Peiniger durch die Persönlichkeit des Opfers, die Arbeitssituation oder die organisatorischen Bedingungen in ihren Handlungen ermutigt?

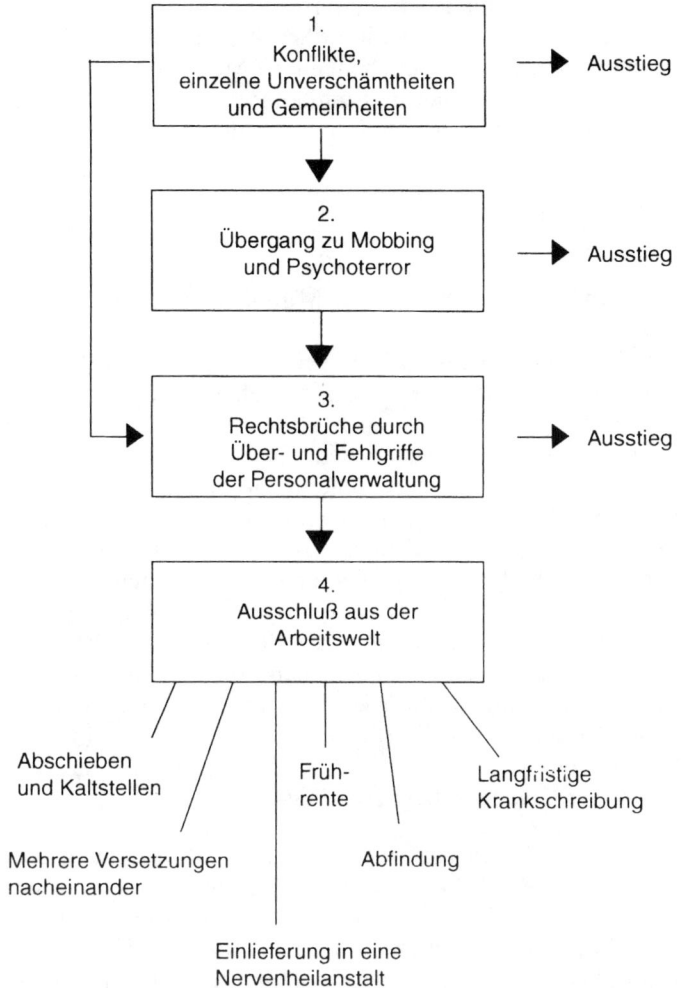

Abb. 8: Verändertes Schema von *Leymann* (1993, S. 59) der vier
Phasen systematischer Anfeindungen im Arbeitsleben

5. Welche Merkmale der Person (Aussehen, Ehrgeiz, Behinderung usw.), der Situation (Arbeitsplatz, Teamkollegen) oder betrieblichen Gegebenheiten (Arbeitsabläufe) führen zur „Auswahl" einer bestimmten Person?
6. Wie verhalten sich Vorgesetzte, KollegInnen und Familienangehörige?

3.2 Konflikte als Ursache für Mobbing erkennen

Mobbing und seine Auswirkungen haben zahlreiche Parallelen zum allgemeinen Konfliktgeschehen. Psychoterror am Arbeitsplatz kann daher auch als *mißlungener Konfliktlösungsversuch* betrachtet werden. *Sach- und Beziehungsebene*, insbesondere bei zwischenmenschlichen Konflikten, können nicht auseinandergehalten werden. Einerseits handelt es sich um Unstimmigkeiten, Spannungen und Meinungsverschiedenheiten, wie sie in allen Organisationen auftreten. Dabei geht es scheinbar um Sachfragen wie Ziele, Wege und Methoden oder die Verteilung von Ressourcen. Andererseits bestimmen auf der Beziehungsebene sachunabhängige, gefühlsbeladene und irrationale Faktoren wie Antipathie, Mißgunst, Neid u. a. den Konfliktverlauf. Vorurteile, Animositäten und biographische Erfahrungen beeinflussen das Verhalten der Kontrahenten zusätzlich.

Glasl (1980) beschreibt, wie sich Sach- und Beziehungsebene in einem Konflikt immer schneller auseinanderbewegen und irrationale Momente sich verstärken. Die Eskalation nimmt zu und kann in einen Vernichtungskampf gegen den Kontrahenten ausarten. Nach *Leymann* führt dies in die beschriebenen Mobbing-Handlungen. Kritiker des Mobbing-Konzeptes wie *Neuberger* (1994), halten hier entgegen, daß es keines neuen Begriffes bedarf, um diese Reaktionen zu erklären, da sie bereits ausführlich im Rahmen der Untersuchungen zum Konflikt beschrieben seien.

In der Regel werden Konflikte zu Beginn nicht offen ausgetragen, zeigen sich aber an verschiedensten Symptomen. Diese im Sinne einer Diagnose frühzeitig zu erkennen, ist die Voraussetzung, um Konflikte nicht eskalieren bzw. in Mobbing-Handlungen münden zu lassen. *Rüttinger* (1977) beschreibt folgende sieben Symptome, die auf Konflikte hinweisen:

1. Ablehnung und Widerstand: z. B. ständiges Widersprechen, ärgerliche Reaktionen, mürrisches Verhalten.
2. Aggressivität und Feindseligkeit: z. B. verletzende Äußerungen, „böse" Blicke, nachteilige Bemerkungen, „Mauern" und bewußtes Fehlverhalten.
3. Uneinsichtigkeit und Sturheit: rechthaberisches Verhalten und „Dienst nach Vorschrift".
4. Flucht: z. B. Meiden von Kontakten oder wortkarges Verhalten bzw. „Flucht" in Alkohol, Drogen oder Krankheit.
5. Überkonformität: z. B. keine eigenen Ideen einbringen oder Kritik vermeiden.
6. Desinteresse: z. B. abschalten oder sich niedergeschlagen zurückziehen bis hin zur Depression.
7. Formalität: z. B. genaues Einhalten der Etikette und distanzierte Freundlichkeit.

Konfliktsignale sind selten in Reinform vorhanden, vielmehr stellen sie ein Konglomerat mehrerer Symptome dar. Oft ist eine Veränderung des Verhaltens eines Kollegen oder Mitarbeiters nur dann erkennbar, wenn man die Verhaltensweisen dieses Menschen schon lange kennt. Deshalb

1. halten Sie Augen und Ohren offen, wenn Sie durch den Betrieb gehen. Versuchen Sie, sich ein Bild von dem Klima in Ihrem Verantwortungsbereich zu machen und achten Sie auf den Umgangston der Kollegen untereinander;
2. nehmen Sie Beschwerden, Beobachtungen, Ängste und Gefühle von Mitarbeitern und KollegInnen ernst;
3. hinterfragen Sie Beschwerden über andere KollegInnen gründlich;
4. hören Sie aktiv zu und fragen Sie gezielt;

5. gehen Sie konsequent gegen intrigantes Verhalten vor und zeigen Sie, daß Sie davon nichts halten.

Neben diesen *direkt* registrierbaren Signalen deuten *indirekt* auch hohe Fehlzeiten, eine starke Fluktuation, mangelnde Arbeitsergebnisse oder eine geringe Produktivität auf Konflikte hin. Auch wenn eindeutige Warnsignale vorliegen, ist es nicht einfach, Mobbing Einhalt zu gebieten. Hier kommt es darauf an, in welcher Phase sich der Mobbing-Prozeß befindet.

Die Verursacher von Konflikten sind meist relativ leicht auszumachen, die *Gründe* i. d. R. nicht. Aus der *Interaktionsforschung* ist bekannt, daß menschliches Verhalten nicht einseitig von Persönlichkeitsfaktoren abhängt, sondern stark von *situativen Bedingungen* beeinflußt wird. Nach *Niedl* (1995) kann nach 20jähriger Forschungsarbeit zum Thema Mobbing davon ausgegangen werden, daß eine isolierte Betrachtung von „Tätern" und „Opfern" wenig zu einer Erklärung des Phänomens Mobbing beiträgt. Vielmehr können sich die beiden Positionen im Verlauf eines Mobbing-Prozesses interaktiv bedingen, und es kann u. U. auch zu einem *Positionswechsel* kommen, bei dem der Täter selbst zum Opfer werden kann. Genausowenig ist es ausreichend, nur die Umweltcharakteristiken zu berücksichtigen. Die Situationsvariable kann die Wahrscheinlichkeit, Opfer von Mobbing-Attacken zu werden, erhöhen oder verringern. Somit steht die Interaktion von Persönlichkeitsvariablen *und* situativen Elementen im Mittelpunkt eines Mobbing-Geschehens.

Konflikte oder Mobbing-Handlungen müssen deshalb sehr genau analysiert werden, denn sie sind von ganz unterschiedlichen Einflüssen geprägt. Ursachenzuschreibungen sind auf vier Ebenen plus deren Interaktionen möglich:

Personenebene. Welche Einstellungen, Meinungen, Interessen, Denkweisen herrschen bei den handelnden Personen vor? Welche KollegInnen sind im Arbeitsteam? Sind die Menschen, die zusammenarbeiten, etwa gleich alt, haben sie eine ähnliche Schulbildung, Werte und Normen? Welche Ängste, Vorlieben, Schwächen usw. haben sie?

Situationsebene. Wann kommt es zum Konflikt? Welche Arbeitsbedingungen sind vorhanden? Mit welchen Mitteln muß gearbeitet werden? Welche Rollenerwartungen bestehen? Welche Faktoren bestimmen die Situation (Hitze, Kälte, Dreck, Zeitdruck usw.)? Mit welchen anderen Gruppen muß kooperiert werden etc.?

Sachebene. Welche Inhalte lassen den Konflikt entstehen? Welche Themen ver- bzw. entschärfen einen Konflikt?

Organisationsebene. Welches Image hat die Organisation bzw. das Unternehmen? Wie ist das Betriebsklima? Welche Regelungen existieren für Arbeitszeit, Bezahlung, Karriereförderung, Personalentwicklung usw.?

3.2.1 Wann spricht man überhaupt von einem Konflikt?

Bezüglich des Konfliktbegriffes gehen die verschiedenen Disziplinen (Psychologie, Soziologie, Betriebswirtschaft usw.) von unterschiedlichen Definitionen aus. Insofern existiert kein einheitliches Verständnis von „Konflikt". Hier soll der Begriff „Konflikt" aus psychologischer Sicht definiert werden.

Psychologische Ansätze betonen die Komponente der „Wahrnehmung" der Betroffenen und definieren „Konflikt" als „zwei einander entgegengesetzte Handlungstendenzen und Antriebe (Motivationen), die zusammen auftreten und sich als Alternativen in bezug auf ein Ziel möglichen Handelns im Erleben der Betroffenen äußern (*Fröhlich* u. *Drever*, 1981).

Hofstätter (1959) oder *Dorsch* (1976) definieren Konflikt wie folgt:

„Im Prinzip lassen sich alle Konfliktsituationen aus dem gleichzeitigen Bestehen oder Anlaufen von mindestens zwei Verhaltenstendenzen erklären."

Kurtz (1983) bezieht die zwischenmenschliche Komponente stärker ein und versteht unter einem „sozialen Konflikt" eine *Spannungssituation*, in der zwei oder mehr Parteien, die voneinander abhängig sind, mit Nachdruck versuchen, scheinbar oder tatsächlich unvereinbare Handlungspläne zu verwirklichen und sich dabei ihrer Gegnerschaft bewußt sind (S.12).

3.2.2 Welche Konfliktarten können unterschieden werden?

Konflikte können in die folgenden vier Formen eingeteilt werden:

1. Bewertungskonflikte. Hier besteht eine Uneinigkeit über Ziele, die sich häufig aus den unterschiedlichen Zielsetzungen von Gruppen oder Einzelpersonen ergeben. Unterschiedliche Erwartungen an die Position des Stelleninhabers, mangelnde Kommunikation und Koordination sind dabei oft Ursache für differierende Bewertungen.

2. Beurteilungskonflikte. Uneinigkeit über die Wege zur Zielerreichung kann dann entstehen, wenn Mitarbeiter unterschiedliche Erfahrungen gemacht haben, ihnen verschiedene Informationen zugänglich sind oder Tatbestände anders wahrgenommen werden. Letzteres ist aufgrund der individuellen „Wahrnehmungsfilter" der Fall, mit denen Menschen ihre Umwelt registrieren:

– *kulturelle Filter,* die durch Erziehung und kulturelle Einflüsse entstehen,
– *biologische Filter,* die sich aus dem aktuellen Zustand des Individuums ergeben, etwa bei Belastung oder Krankheit, sowie
– *biographische Filter,* die sich aus Erfahrungen ergeben.

3. Verteilungskonflikte. Konfliktursache ist die *Verteilung von Ressourcen,* etwa Gehalt, Kompetenzen, Prestige usw. Dies ist verstärkt in Zeiten wirtschaftlicher Unsicherheiten der Fall, wenn Menschen um das knappe Gut „Arbeit" konkurrieren, aber auch im Zuge von Strukturveränderungen, im Sinne des Umbaus von Organisationen zu „schlanken" Unternehmungen. Pfründe fallen dann weg, und viele KollegInnen müssen um die wenigen attraktiven Positionen wetteifern.

4. Beziehungskonflikte. Es besteht *Uneinigkeit über die sozialen Beziehungen,* meist über die Zusammenarbeit. Ursachen sind häufig Antipathie, unterschiedliche Lebens- und Berufserfahrung oder verschiedene Persönlichkeitsstrukturen. Unterschiedliche Werthaltungen oder Einstellungen zu Arbeit und Beruf können gleichfalls konfliktauslösend sein. *Beispiel:* Der rauchende Kollegen wird als Zumutung empfunden.

5. Rollenkonflikte. Unter „Rolle" wird die Gesamtheit aller Erwartungen an einen Positionsinhaber verstanden. Werden diese Erwartungen aber unklar formuliert, kann es zu *Rollenunsicherheit* oder *Mehrdeutigkeit* der Rolle kommen. Der Positionsinhaber weiß nicht, was er eigentlich tun oder unterlassen soll. Rollenkonflikte können sich allerdings auch in dem Dilemma äußern, *gleichzeitig mehreren* Rollen und damit Erwartungen des Umfeldes gerecht werden zu wollen, etwa wenn Vorgesetzte die Erwartungen der Geschäftsleitung erfüllen und gleichzeitig die Interessen ihrer Mitarbeiter vertreten sollen („Sandwich-Position").

3.2.3 Konfliktverläufe

Nach *Berkel* (1985) können fünf verschiedene Phasen eines Konfliktverlaufs beschrieben werden:

Phase 1: Der Konflikt ist unterschwellig und für die Partei en noch nicht erkennbar.

Phase 2: Durch ein Ereignis tritt der Konflikt aus seinem latenten Stadium heraus und wird offenkundig. Konfliktauslöser können innere oder äußere Bedingungen sein wie eine Reduzierung des Selbstwertgefühls, Enttäuschungen, Ärger, Streß, Anordnungen usw.

Phase 3: Der bewußt gewordene Konflikt löst Aktivitäten, Handlungen und Verhalten der Kontrahenten aus. Gefühle, Gedanken und Körperreaktionen, wie z. B. Herzklopfen, stellen sich bei den beteiligten Personen ein. Dies löst typische Verhaltensstile bei den Konfliktparteien aus, die sich wie folgt unterscheiden:

– *Wettbewerbshaltung.* Personen mit dieser Einstellung möchten sich gegenüber dem Kontrahenten durchsetzen und sehen in ihm einen Rivalen, der besiegt werden muß.

– *Vorteilshaltung.* Menschen mit diesem Verhalten gegenüber Konflikten versuchen, eine für sie möglichst vorteilhafte Lösung, unabhängig von den Folgen für die Gegenpartei, zu finden.

– *Soziale Haltung.* Konfliktbeteiligte mit dieser Einstellung suchen Lösungen, die Normen von „Gerechtigkeit" und „Fairness" entsprechen und erwarten dies auch von ihren Kontrahenten.

– *Kooperative Haltung.* Personen mit dieser Konflikteinstellung versuchen, eine Auseinandersetzung durch eine möglichst für alle Beteiligten gerechte Lösung zu beenden.

Phase 4: Die Konfliktparteien setzen sich auseinander, die jeweiligen Haltungen werden wirksam und bestimmen das Verhalten der Kontrahenten.

Phase 5: Es kommt zur Konfliktlösung, indem beispielsweise Spielregeln festgesetzt oder andere Regelungen gefunden werden. Fällt das Konfliktergeb-
nis nicht zur Zufriedenheit allen Beteiligten aus,
tragen die Resultate den Keim für weitere Konflikte in sich.

In der letzten Phase des allgemeinen Konfliktgeschehens
können bereits die Ursachen für künftige Mobbing-Handlungen liegen, da eine unzureichende Lösung eine konflikt-
hafte Beziehung vorprogrammiert. Interventionsmöglichkeiten ergeben sich in allen Phasen des Konfliktverlaufs. Das
Beste wäre allerdings, im Sinne des Vorbeugens, Konflikte
erst gar nicht entstehen bzw. eskalieren zu lassen.

3.2.4 Gründe für Konflikte am Arbeitsplatz

Allgemein können folgende Bedingungen als konfliktför-
dernd betrachtet werden:

1. Ein wettbewerbsförderndes Beförderungssystem. Neben-
wirkungen eines abgestimmten und auf Wettbewerb ausge-
legten Beförderungssystems, das i. d. R. besondere Arbeits-
leistungen fördert, sind Neid und Rivalität. Personen mit
Wettbewerbshaltung werden in einem solchen System vom
Gedanken getrieben, alle anderen übertrumpfen zu müssen.
Dazu ist ihnen jedes Mittel recht.

2. Arbeitsteilung. Arbeitsteilung, wie sie in einem modernen
Unternehmen notwendig ist, macht Mitarbeiter in ihrer Tätigkeit voneinander abhängig. Aufgabenerfüllung ist für den
einzelnen nur möglich, wenn auch andere ihre Aufgaben erfüllen.

*3. Starre Organisationsstrukturen und depressive Unterneh-
menskultur.* Unternehmen mit verkrusteten Strukturen und einem depressiven Organisationsklima, die durch Hierarchiedenken gekennzeichnet sind, stellen einen besonderer Nährboden für Konflikte und Mobbing dar. Die vorherrschende

„Friedhöflichkeit" läßt es nicht zu, daß Konflikte offensichtlich werden. Vielmehr werden sie unterschwellig und meist mit „unfeinen" Mitteln ausgetragen.

4. Knappe Mittel. Begrenzte Ressourcen können Verteilungskonflikte auslösen (z. B. Budget, Geschäftswagen, Personal usw.). Neid, Aggressionen in verdeckter Form können die Folge sein.

5. Intransparente Karrierewege. Sind in einem Unternehmen Aufstiegswege nicht transparent geregelt, Leistungsbewertungen nicht nachvollziehbar, versuchen einzelne Mitarbeiter, sich selbst „Gerechtigkeit" widerfahren zu lassen. Folgen sind Intrigen und Konflikte bis hin zum Mobbing.

6. Mangelnde Führungsfähigkeiten von Vorgesetzten. Führungskräfte die nicht in der Lage sind, ihre Mitarbeiter ausreichend zu informieren, die bestimmte Personen bevorzugen, sich nach „oben" nicht durchsetzen können oder unfähig sind, sich selbst zu managen bzw. die Arbeit ihrer Mitarbeiter nicht einteilen können, sind oft Ursache für Konflikte. Sie sind auch ein Grund dafür, daß Mitarbeiter Kompetenzen überschreiten und sich an Vorgesetzten rächen.

7. Abhängigkeiten von anderen. Regelungen und Vorschriften führen bei der Tätigkeitsausübung zu Abhängigkeiten von anderen Personen. Konflikte bleiben dabei nicht aus.

8. Unzureichendes Kommunikationssystem. Mitarbeiter haben ein subjektives und ein objektives Informationsbedürfnis. Das erste resultiert aus den menschlichen Motiven nach Sicherheit, Zufriedenheit und Selbstverwirklichung, das zweite aus den Notwendigkeiten des Arbeitsplatzes. Unzureichende Kommunikation und die Konsequenzen beschreibt der englische Soziologe *C. Northcote Parkinson* wie folgt:

„Immer dann, wenn im Bereich Kommunikation ein Vakuum entsteht, wird dort Gift und Unrat hineingeworfen. Daraus entstehen dann Gerüchte und Vermutungen, die fürchterliche Wirkungen haben können."

9. Unzureichende Konfliktlösefähigkeit. Fehlen in einer Organisation Spielregeln für den Umgang mit Konflikten im Sinne einer „Streitkultur", können Spannungen und Streitereien schnell eskalieren und den Blick der Beteiligten einengen. Dies bietet einen idealen Humus für Mobbing-Aktivitäten.

10. Über- und Unterforderung am Arbeitsplatz. Ständig an die Grenzen der eigenen Leistungsfähigkeit zu stoßen, sei es durch Zeitdruck, mangelnde berufliche Fähigkeiten oder Fertigkeiten, schlechte Arbeitsorganisation u. a. m. führt zu Überforderung und in der Folge zu Distreß. Aber auch das Gegenteil, die Unterforderung, löst Streßreaktionen aus. Beides führt zu *Aggressionen*, die sich in Mobbing-Verhalten Ventile suchen können.

11. Fehlende ethische Normen. Unternehmungen, die in ihrer Führungsphilosophie und in ihren Führungsgrundsätzen ethische Normen für das tägliche Miteinander festgeschrieben haben und ihre Führungskräfte im Rahmen der Personalentwicklung dafür sensibilisieren, haben wenig Mobbing-Fälle. Mobbing verbreitet sich vor allem in den Organisationen, in denen diese ethischen Normen fehlen und in denen ein Menschenbild bei den Führungskräften vorherrscht, das Mitarbeiter lediglich als einen Produktionsfaktor betrachtet.

Konflikte, und in der Folge davon Mobbing-Handlungen, sind i. d. R. nicht auf eine einzelne Ursache zurückzuführen. Die konkrete Analyse führt meist zu einem Gemisch aus verschiedenen Faktoren. Mitarbeiter leiden dann ganz allgemein unter dem „schlechten Betriebsklima" und versuchen, ihren „Frust" an einem „Sündenbock" abzureagieren.

3.2.5 Aggressionen und die Entstehung von Mobbing am Arbeitsplatz

Die „Treibjagd am Arbeitsplatz" und das Thema *Aggressionen* sind eng miteinander verbunden. Dies wurde bereits beim

Thema „Streß" deutlich. Es gibt zahlreiche theoretische Modelle der Aggressionsentstehung. Im Zusammenhang mit Psychoterror am Arbeitsplatz sind vor allem drei Ansätze wichtig:

– Aggression als angeborene Verhaltensweise,
– Frustrationen als Ursache von Aggressionen,
– Erlernen von Aggressionen durch Modelle und deren Erfolge.

Aggression als angeborene Verhaltensweise. Nach Ansicht der vergleichenden Verhaltensforscher gehen Aggressionen auf bestimmte, im Menschen biologisch verankerte Triebe bzw. Instinkte zurück. *Lorenz* folgerte aus etlichen Untersuchungen des tierischen Verhaltens, daß menschliche Aggression ein „echt instinktives" Verhalten sei. Je länger ein Organismus keine Möglichkeit der Aggressionsabfuhr habe, desto niedriger sei seine Reizschwelle. Dann können bereits nichtige Anlässe, die berühmte „Fliege an der Wand", Aggressionen auslösen. Gegen diese Hypothese sprechen allerdings viele Resultate der Verhaltensforschung. Auch kann sie das Phänomen der „aggressionslosen Gesellschaften", z. B. bei grönländischen Eskimos, nicht erklären.

Die psychodynamischen Theorien, etwa die Psychoanalyse von *Freud,* übernahmen den „Instinktbegriff" der Biologie und verwendeten ihn für die im Menschen vorhandene psychische Energie. *Freud* beispielsweise glaubte in seinen späten Schriften an den Todestrieb (Thanatos), der sich, nach außen gekehrt, in Aggressionen gegenüber der Umwelt zeige.

Frustrationen als Ursache von Aggressionen. Unter einer Frustration versteht man die Verhinderung, Unterbrechung oder Störung eines zielgerichteten Verhaltens oder einer Wunscherfüllung. Die sogenannte *„Frustrations-Aggressions-Hypothese"* nimmt nun an, daß Aggressionen immer eine Folge von Frustrationen seien. Nur wenn die Gründe für die Frustrationen erkannt und beseitigt werden, wird auch aggressives Verhalten verhindert. Forschungen relativieren diese Hypothese der Aggressionsentstehung allerdings dahingehend, daß eine „Zielbehinderung" oder die „Vereitelung einer Wunscherfüllung" nicht eine Bedingung für Aggression darstellt, sondern eher für deren Entwicklung förderlich ist.

Für die betrieblichen Bedingungen der Konflikt- und Mobbing-Entstehung bedeutet dies, daß die Motive, Bedürfnisse und Wünsche der Mitarbeiter ernst genommen werden müssen, um Frustrationen zu vermeiden.

Erlernen von Aggressionen durch Modelle und deren Erfolge. Die soziale Lerntheorie (*Bandura*, 1976) geht davon aus, daß aggressives Verhalten das Produkt eines Lernprozesses ist. Dieser sei gekennzeichnet durch das direkte Nachahmen eines Verhaltens und durch die beobachteten Erfolge eines Modells, das mit bestimmten Verhaltensweisen Erfolge erzielt. Setzt sich ein Kollege mit aggressivem Verhalten im Betrieb durch, kann er ein Modell für das Verhalten anderer werden. *Bandura* konnte seine Theorie mit sehr vielen Untersuchungen belegen. Sie bietet natürlich auch direkt einen Erklärungsansatz für Schikanen und Gemeinheiten innerhalb eines Betriebes. Damit sind konkret auch die strukturellen *Bedingungen* für die Konfliktentstehung angesprochen wie etwa die Führungskultur, das Betriebsklima oder die „Streitkultur" einer Organisation. Sie bieten teilweise „Modelle" für aggressives Verhalten und Mobbing en masse.

4. Wer greift wen an und warum?

Schikanen und Psychoterror können den unterschiedlichsten sozialen Situationen in einem Betrieb zugeordnet werden und diverse Ursachen haben. Mit Blick auf Mobbing-Handlungen ergeben sich unterschiedliche Möglichkeiten, die auch von der *hierarchischen Position* innerhalb der Organisation abhängig sind. Dies determiniert natürlich die Art und Weise, wie schikaniert wird und wie sich Opfer dagegen wehren können. Schließlich bestimmen auch *Alter und Geschlecht*, wie die Austragung eines Mobbing-Konfliktes sich gestaltet. Dabei ist auch zu berücksichtigen, daß nicht alle Mobbing-Aktivitäten beabsichtigt sein müssen. *Angst und Selbsterhaltungstrieb* nötigen manchem Peiniger ein unbewußtes, andere Menschen schädigendes Verhalten ab. Dies wird immer dann deutlich, wenn Mobbing so subtil abläuft, daß es nicht einmal der Täter selbst bewußt registriert. Allerdings ist dies selten der Fall, denn der Vorsatz ist die Regel, bei dem sich der Schikaneur eine Strategie zurechtlegt, um bestimmte Interessen durchzusetzen. Andererseits können auch *Schwächen in der Persönlichkeit* Antrieb sein, andere durch Intrigen, Gemeinheiten und Terror zu schädigen, d. h., ein gewisser Zwang, der Suchtcharakter hat.

Die Frage, wer wen angreift, ist der erste Schritt für eine hilfreiche Diagnose. Im zweiten muß nach den Beweggründen und deren Ursachen gefragt werden, um geeignete Maßnahmen gegen Mobbing einleiten zu können. Nachfolgend wird versucht, auf diese Fragen Antworten zu geben.

4.1 Mobbing auf Kollegenebene

Arbeitsteams im Betrieb sind *Gruppen*, die von der Geschäftsleitung eingesetzt werden und eine *formelle Struktur* besitzen. Diese Struktur ergibt sich aus den Rollen und den

an sie geknüpften Erwartungen, die das einzelne Gruppen-
mitglied aufgrund seiner Position erfüllen muß. Typisch ist
auch ein *hierarchischer Aufbau*, der die einzelnen Positionen
mit entsprechenden Rechten und Pflichten versieht sowie eine Person als *formellen Leiter* der Gruppe bestimmt.

Allgemeine Ursachen für Mobbing auf Kollegenebene:

– Arbeitsgruppen müssen koordiniert handeln,
– einzelne Mitarbeiter sind in ihrer Arbeitsausführung von
  der Tätigkeit anderer abhängig,
– finanzielle Mittel sind knapp,
– Vorschriften und Regeln beeinflussen das Verhalten in der
  Gruppe.

Von anderen abhängiges Handeln entsteht aufgrund der *Arbeitsteilung* in modernen Betrieben. Sie ist um so stärker, je
ausgeprägter der Anteil an Routinearbeiten ist (z. B. Fließ-
bandarbeit). Gleichzeitig bilden Arbeitsgruppen, die koordiniert handeln müssen, *Gruppennormen* aus, die sich als „un-
geschriebene Gesetze" in den Köpfen der Mitglieder fest-
setzen. Im Sinne eines Austauschprozesses wird dem „Ar-
beits-Output" ein als „gerecht" empfundener Lohn gegen-
übergestellt. Alle Kollegen, die zuwenig oder zuviel arbeiten,
werden an die „Norm" erinnert, zunächst höflich, dann aber
auch durch massiven Druck der gesamten Arbeitsgruppe bis
hin zu Mobbing-Handlungen.

Die wechselseitige Abhängigkeit der Mitarbeiter voneinander hängt u. a. mit den aus wirtschaftlichen Überlegungen bewußt *knapp gehaltenen Mitteln* einer Organisation zusammen. Dies trifft auf das Budget einzelner Abteilungen zu sowie auf die Möglichkeiten von Arbeitsgruppen, technische
Hilfsmittel zu nutzen oder als interne Kunden Servicelei-
stungen anderer Teams in Anspruch zu nehmen.

Vorschriften oder Regeln für den Umgang miteinander ergeben sich aufgrund der unterschiedlichsten Gesetze, etwa dem
Arbeitssicherheitsgesetz (ASiG) oder dem *Betriebsverfassungsgesetz*. Dadurch bedarf es z. T. der Zustimmung meh-

rerer Personen bei Entscheidungen bzw. müssen wichtige Vorgänge von mehreren abgenommen werden.

Andererseits bilden sich in Arbeitsgruppen auch sogenannte *informelle Gruppen*. Diese entstehen auf der Basis der Persönlichkeiten der beteiligten Individuen. Gegenseitige Wertschätzung und Sympathie sind für die Bildung ausschlaggebend. Aber auch sachgebundene Anlässe können eine informelle Gruppe entstehen lassen, so gemeinsames Interesse, kollektive Ängste oder gemeinsame Feinde.

Ein Sonderfall ist die *Clique*, die eine negative Ausprägung der informellen Gruppe darstellt.

Die meisten Mobbing-Opfer stehen im Betrieb einer Gruppe von Gegnern gegenüber. Diese informelle Gruppe hat als einziges Interesse das Terrorisieren der betroffenen Person. I. d. R. handelt es sich um Cliquen von KollegInnen, die allein schon durch ihre zahlenmäßige Übermacht dem Opfer Angst einflößen. Als besonderes Problem erweist sich dabei das sozialpsychologische Phänomen der *Anonymisierung*, d. h., daß irrationales und destruktives Verhalten einzelner im „Schutzraum" Gruppe besonders häufig zu beobachten ist. Zudem zeigt sich in sozialpsychologischen Experimenten, daß eine falsche Mehrheitsmeinung die richtige Einzelmeinung von Gruppenmitgliedern so stark beeinflußt, daß sich 75 % auf die Seite der Majorität schlagen. Der einzelne ändert also seine offensichtlich richtige Meinung, Aussage, Wahrnehmung usw., wenn ein einmütiges falsches Urteil von der Mehrheit einer Gruppe abgegeben wird. Hierbei spielt vor allem die Furcht eine Rolle, eine nichtkonforme Ansicht zu vertreten (*Althoff* u. *Thielepape*, 1990).

Diese Phänomene menschlicher Verhaltensweisen können den vier Grunderkenntnissen der Gruppendynamik zugeordnet werden:

1. Grunderkenntnis. Abweichende Verhaltensweisen und Meinungen versucht jede Gruppen, auf ein Minimum zu reduzieren. Nicht konformgehende Gruppenmitglieder werden mit Sanktionen „bestraft", die unterschiedliche Stärke und Formen annehmen können (*Gruppendruck*).

2. Grunderkenntnis. Jede Gruppe entwickelt eine *Hack- oder Rangordnung*, d. h. Aggressionen werden innerhalb einer Gruppe reguliert und kanalisiert, indem eine Hierarchie der Positionen definiert wird. Dieses Verhalten findet sich bereits bei Gruppen Fünf- bis Sechsjähriger, die in ihren Gruppen Führungsbeziehungen ausbilden (*Hold*, 1974). Rang- und Hackordnungen hängen nicht nur von der formellen oder informellen Festlegung innerhalb einer Gruppe ab, sondern auch von den Untergeordneten, die diese Ordnung anerkennen.

3. Grunderkenntnis. Gruppen entwickeln mit zunehmender Kohäsion ein sogenanntes „*Wir-Gefühl*" und eine steigende Abgrenzung zu anderen Gruppen. Feindbilder oder ein gemeinsamer Gegner helfen, den Zusammenhalt zu stärken.

4. Grunderkenntnis. Aggressionen machen sich um so ungehemmter Raum, je stärker eine Gruppe von außen oder innen bedroht wird. Der Faktor *Angst* ist dann der Motor für Feindseligkeiten gegenüber dem „Gegner".

4.2 Vertikaler Psychoterror

Vorgesetzte spielen bei der „Treibjagd am Arbeitsplatz" eine besondere Rolle. 37 % aller Büroquälereien finden nach *Leymann* von oben nach unten statt. Insbesondere *inkompetente Führungskräfte*, die konfliktscheu und entscheidungsschwach sind und durch Taktieren und Manipulieren versuchen, sich auf ihrer Position zu halten, aber auch *machtbesessene Chefs*, die die Mitarbeiter wie Leibeigene behandeln, neigen zur Schikane und Intrige. Sie werden durch Andersdenkende genauso provoziert wie durch fachlich überlegene Mitarbeiter, von denen sie sich bedroht fühlen. Situative Bedingungen wie Hilflosigkeit von Vorgesetzten gegenüber dem Druck und dem „Dauerstreß", dem sie ausgesetzt sind, läßt sie gleichfalls an Mitarbeitern „Dampf ablassen". „Bosse" werden zu „Verfolgern" und spielen Psychospiele mit Mitarbeitern, um sich in einer „Ich-bin-o. k. – du-bist-nicht-o. k."-Position selbst Anerkennung zu zollen, die sie in ihrer Arbeit nicht erhalten. „Köpfe rollen" jedoch auch, um in wirtschaftlich schwierigen Zeiten die eigene Position zu retten oder die Organisation „schlanker" zu machen. Untergebene sollen freiwillig den Arbeitsplatz räumen.

4.2.1 Bossing oder die Schikane durch den Vorgesetzten

Gemeinheiten von Vorgesetzten dienen häufig auch als Disziplinierungsinstrument, um Mitarbeiter in ihre Schranken zu weisen. Kritische Bemerkungen über das Führungsverhalten oder unbefriedigende Arbeitsbedingungen sind oft Ursache dafür. Für diese Variante des Psychoterrors hat sich mittlerweile der Begriff „Bossing" etabliert. *Kile* (1990) machte als erster in Norwegen auf diesen Umstand aufmerksam und nennt diese Vorgesetzten „gesundheitsgefährdende Führer". Die Zahl der durch Bossing Betroffenen wird für die Bundesrepublik auf eine Viertelmillion geschätzt.

Hinzu kommt die in unserer Gesellschaft weit verbreitete Ellenbogenmentalität. Nicht der menschlich, persönlich und fachlich Qualifizierteste erreicht eine Führungsposition, sondern allzu häufig derjenige, der sich „durchsetzen" kann. Ob dies sozial verträglich geschieht, interessiert dabei meist wenig, solange es nicht besonders auffällig ist. Vorgesetzten-Mobbing ist besonders gefährlich, da Führungskräfte aus ihrer Position heraus die Macht haben, Psychoterror zu betreiben. Dies hat zur Folge, daß die Opfer unter ihren Chefs besonders leiden.

Für Böswilligkeiten benutzen Vorgesetzte in der Regel das ihnen zur Verfügung stehende Machtinstrumentarium. Dabei sind ihre Möglichkeiten weit größer als die von „gewöhnlichen Mobbern". Sie nutzen und mißbrauchen ihre Machtposition gezielt, wenngleich auch hier alle Varianten und Kombinationen bezüglich Stärke, Dauer und Form zu finden sind. Klassische Schikanen durch Vorgesetzte sind das bewußte *Über- oder Unterfordern* von Mitarbeitern. Die Betroffenen erhalten Tätigkeiten zugewiesen, die weit unter oder über ihrer Qualifikation liegen. Dies führt meist zwangsläufig zu Selbstwertproblemen oder Mißerfolgserlebnissen.

Beliebt sind auch *Degradierungen und Entmündigungen* in Form von nicht begründeten Kompetenzbeschneidungen oder für alle offensichtliche Kontrollen, etwa durch die Genehmigung einzelner Fotokopien durch den Vorgesetzten. Mitarbeiter werden aber auch systematisch gedemütigt, indem ihnen Arbeiten zugewiesen werden, von denen alle wissen, daß sie „für den Papierkorb" sind. Meist handelt es sich um Statistiken, die keiner braucht oder bereits geprüfte Rechnungen, die auf ihre „Richtigkeit" hin kontrolliert werden sollen.

Bekannte Schwachpunkte werden rigoros dazu benutzt, das Opfer zu erniedrigen. Die Leitragenden sollen ihre Ohnmacht und die Allmacht des Chefs erfahren. So wird etwa der bekanntermaßen nicht schwindelfreie Maurer vom Polier zu Arbeiten in extremer Höhe eingeteilt.

Darüber hinaus kann der Vorgesetzte Aufstiegschancen verbauen, indem er Mitarbeiter bei der Geschäftsleitung anschwärzt oder sie als unfähig darstellt.

Nicht immer ist der Chef als Verursacher für die erlittenen Anfeindungen auszumachen. Viele Vorgesetzte „lassen mobben" und finden dafür willfährige Mitarbeiter.

4.2.2 Vorgesetzte und Persönlichkeitsstruktur

So wie sich Formen des Bossings unterscheiden lassen und die unterschiedlichen Bedingungen, die eine „gesundheitsgefährdende Führerschaft" ermöglichen, so kann man auch die gefährlichsten aller Mobber verschiedenen Typen zuordnen. Gleichwohl ist die folgende Typisierung vor allem als *Orien-tierungsrahmen* zu verstehen, da die Persönlichkeit des erwachsenen Menschen in der Regel eine Mischform aus den nachfolgend beschriebenen Ausprägungen ist. Der *Typus* oder die *Persönlichkeitsstruktur* entscheiden darüber, wie sich Führungskräfte gegenüber Mitarbeitern verhalten und wie sie Konflikte bewältigen. Da Neurosen bei Führungskräften genauso wie andere Persönlichkeitsmerkmale entsprechend der Gaußschen Normalverteilung zu finden sind, können in Anlehnung an die psychoanalytische Entwicklungstheorie von *Freud* verkürzt folgende Typen von Führungspersönlichkeiten unterschieden werden:

- die schizoide,
- die depressive,
- die zwangsneurotische,
- die hysterische und
- die narzißtische Führungspersönlichkeit.

Schizoide Führungskräfte

Kennzeichen. Schizoide Persönlichkeiten gelten nach psychoanalytischer Auffassung als *„kontaktgestört"* und in ihrer *Kommunikationsfähigkeit* als *eingeschränkt.* Auf Nähe reagieren Schizoide mit Ablehnung und Rückzug. Dieses „Gespaltensein" (schizein = griech. spalten) basiert auf der Spannung zwischen dem nicht bewußten Wunsch nach Kontakt und Abhängigkeit und der gleichzeitig vorhandenen Angst davor.

Verhaltensweisen. Die schizoide Persönlichkeit überbetont ihre *Ich-Abgrenzung* aus Angst vor zuviel Nähe. Sie wirkt kühl, distanziert, rational, intellektuell und individualistisch (*Riemann,* 1975). Da dieser Typ Vorgesetzter vor allem an seiner Aufgabe interessiert ist, ist er für bürokratische Organisationen besonders interessant. Er ist für die Rolle des

„Tüchtigkeitsführers" besonders prädistiniert (*Hofstetter,* 1988).

Schizoide Führungskräfte kommunizieren i. d. R. zweckrational, d. h., ohne Interesse an der individuellen Situation ihrer Mitarbeiter. Persönliche Kontakte zu ihnen werden tunlichst vermieden. Schutz suchen sie hinter ihrer professionellen Rolle. Sie schieben den Sachzwang bei jeder Gelegenheit in den Vordergrund. Ihre feindselige Grundhaltung projizieren sie auf andere Menschen. Mitarbeiter werden daher häufig als Bedrohung erlebt. So können sie Angst vor Informationsweitergabe haben, da sie fürchten, durch einen Wissensvorsprung der Untergebenen in eine existenzbedrohende Abwehrsituation zu geraten. Aber auch die Furcht, Mitarbeiter würden sie aus ihrer Position verdrängen, oder Macht könnte verlustig gehen, ist bei ihnen zu finden. Die Folge ist, daß schizoide Führungskräfte ein Klima des Mißtrauens erzeugen und Mitarbeiter unter paranoiden Gesichtspunkten unterschiedlich behandeln. Mitarbeiter werden als genial, einfältig oder dumm eingestuft, was in der Folge Spannungen und Konflikte nach sich zieht. Fürsorge und „Pflege" der Mitarbeiter sind der schizoiden Führerpersönlichkeit unbekannt.

Ursachen. Die neopsychoanalytische Auffassung der Entstehung dieser Persönlichkeitsstruktur geht davon aus, daß die betroffene Person in ihrer Kindheit kein „Urvertrauen" im Sinne von Geborgenheit und liebevoller Zuwendung entwickeln konnte. An die Stelle von emotionaler Geborgenheit trat Mißtrauen. Als Konsequenz daraus entwickelte sich eine abgekühlte, distanzierte und übervorsichtige Einstellung zur Umwelt, um neue seelische Beschädigungen und traumatische Ereignisse zu vermeiden.

Depressive Chefs

Kennzeichen. Persönlichkeiten mit depressivem Charakter zeichnen sich durch Überbescheidenheit, zu große Verzicht-

81

bereitschaft, geringe Initiative, gedrückte Stimmung, gehemmte Aggression, Hoffnungslosigkeit, Minderwertigkeitsgefühle und ein mangelndes Selbstbewußtsein aus.

Verhaltensweisen. Auch die depressive Führungskraft besitzt als Kern ihrer Persönlichkeitsstruktur die Angst. Es ist die Furcht vor Selbständigkeit und Unabhängigkeit. Sie ist eher auf Harmonie als auf Konfrontation ausgelegt und versucht, sich selbst abhängig oder andere von sich abhängig zu machen. Damit widerspricht sie dem gängigen Ideal eines Vorgesetzten, der durch Durchsetzungsfähigkeit, Selbstvertrauen, Initiative, positives Denken und eine gewisse nach außen gerichteten Aggresivität gekennzeichnet ist. Ihre Angst ist auch, nicht akzeptiert und „geliebt" zu werden. Daher will sie es allen recht machen. Ihre Nachgiebigkeit und geringe Durchsetzungskraft führen jedoch dazu, daß Mitarbeiter das Verhalten dieses Typs als „Laissez-faire" erleben, mit allen Konsequenzen für die Produktivität, die Arbeitszufriedenheit und das Betriebsklima. Die Folgen eines Laissez-faire-Führungsstils sind aus bereits Geschichte gewordenen Untersuchungen der Arbeits- und Organisationspsychologie bekannt: *Konflikte, Orientierungslosigkeit, Machtkämpfe und Intrigen.* Insofern ist der depressive Typ nicht direkt am Psychoterror beteiligt, sondern indirekt Ursache und Beförderer von Mobbing-Handlungen anderer.

Ursachen. Fehlentwicklungen in der frühen Kindheit, die das natürliche Habenwollen und Besitzergreifen des Kindes behindern, bringen den erwachsenen Menschen um das Genießen. Gebote und Verbote der Erzieher, die auf Verzicht ausgerichtet sind, werden verinnerlicht. Grundlegende Bedürfnisse nach Liebe und Zuneigung werden nicht befriedigt. Es manifestiert sich Enttäuschung und Frustration, die sich in Wut gegen die eigene Person Bahn bricht. Depressivität kann daher als nach innen gewandte Aggression verstanden werden.

Zwangsneurotische Vorgesetzte

Kennzeichen. Vorgesetzte dieses Typs neigen zu Intoleranz, Dogmatismus, Perfektionismus und Ordnungsliebe. Sie sind eigensinnig, rechthaberisch, haben Angst vor dem Risiko, lieben das Unveränderliche und meiden den Wandel. Der Zwangsneurotische ist unfrei, und sein Gewissen ist mit Verboten und lähmenden Geboten überfrachtet, die ein gesteigertes Bedürfnis nach Sicherheit erzeugen. Spontane Gefühlsregungen, Bedürfnisse, Impulse und alles Spontane ängstigen ihn daher, da er glaubt, es nicht kontrollieren zu können. Der unberechenbare Charakter der Umwelt wird von ihm in Gedanken- und Vorstellungsschemata gepreßt, die den Mangel an Selbstbewußtsein, Mut und Eigeninitiative ausgleichen sollen. Diese Konstruktionen dienen ihm als „Krücken", um den gefährlichen Strom des Lebens zu bremsen. Das „Beherrschen" anderer ist daher ein wichtiges Element in seinem Leben, genauso wie das „Beherrschtwerden" durch eine kritiklose Unterordnung unter Autoritäten.

Verhaltensweisen. Zwanghafte Führungskräfte funktionieren in bürokratischen Organisationen sehr gut. Sie erweisen sich als verläßliche, konsequente und disziplinierte Arbeiter. Sie fordern sich und andere und versuchen, mit ihren zwanghaften Arbeitsgewohnheiten alles unter Kontrolle zu bringen, um ihrem Sicherheitsbedürfnis gerecht zu werden. Die Aufgabe, die perfekt ausgeführt werden muß, steht im Zentrum ihres Tuns, und eigene Bedürfnisse oder die der Mitarbeiter werden ignoriert. Mit ihrem Hierarchiedenken ersticken sie alle Kreativität der Mitarbeiter, da sie von diesen „Unterwerfung" verlangen. Das Gängeln und Schikanieren von Mitarbeitern ergibt sich häufig zwangsläufig durch das pathologische Bedürfnis nach Zeiteinteilung und -planung oder dem kleinlichen Herumreiten auf organisationsinternen Regeln sowie der damit verbundenen Kontrolle. Arbeitsunzufriedenheit und häufige Querelen untereinander sind daher in der Mitarbeiterschaft von zwanghaften Vorgesetzten nicht selten.

Eine horizontale Zusammenarbeit mit ihnen ist aus diesem Grund oft problematisch. Unter Streß neigen sie verstärkt zu Isolation und wehren alles ab, was von außen kommt, insbesondere Informationen, die nicht in ihr Denken passen oder Beeinflussungsversuche von anderer Seite (*Hofstetter,* 1988).

Ursachen. Zwangscharaktere entwickeln sich nach psychoanalytischer Sichtweise auf der Grundlage eines „autoritären, dressurhaften Erziehungsmusters, wenn Gebote und Verbote zu früh, zu starr oder zu inkonsequent vermittelt werden und spontane Akte unterdrückt werden" (*Hofstetter,* 1988). Insbesondere die Hemmung motorischer Bedürfnisse, von natürlicher Aggressivität und eigenem Willen im zweiten und dritten Lebensjahr steht dabei im Vordergrund und behindert eine adäquate Ausbildung von Initiative. Motorisch-aggressive Bedürfnisse des Kindes in der ersten Phase der Bewältigung seiner Umwelt werden besonders stark eingeengt. Die emotionalen Bedürfnisse des Kindes erhalten keine ausreichende Resonanz von Eltern oder Erziehern. Betroffene Kinder werden übergefügig und orientieren sich an Autoritäten. Protest und Aufsässigkeit existieren zwar, allerdings nur unterschwellig. Werden sie im Erwachsenenalter wahrgenommen, entstehen Schuldgefühle und Angst.

Schikanierende Chefs wollen die Ohnmacht ihres Opfers genießen. Der Psychoterror durch Vorgesetzte kann aus vielen unbewußten Quellen gespeist werden, z. B. durch latente Ängste, Selbstzweifel, Ärger oder reine Machtgier.

Hysterische Führungspersönlichkeit

Kennzeichen. Charakteristische Verhaltensweisen hysterischer Führungspersönlichkeiten sind ihre *unproduktive Hektik*, ihre *Sprunghaftigkeit*, ihr *theatralischer Habitus* mit der Tendenz, im Mittelpunkt stehen zu wollen. Sie sind leicht erregbar, schreien oder lachen explosionsartig. Sie lieben die Abwechslung und sind ständig auf der Suche nach neuen Reizen und Erlebnissen. Sie neigen zur Selbstdarstellung und wollen begehrt sein. Auch das Verhalten des hysterischen Vorgesetzten ist durch Angst bestimmt, Angst vor dem Endgültigen und Unausweichlichen. Im Gegensatz zur zwangsneurotischen Persönlichkeit möchten sie sich nicht festlegen, sondern suchen Freiheit, u. U. bis zur Willkür.

Verhaltensweisen. Hysterische Führungskräfte sind schnell Feuer und Flamme für Neues, das sie aber genauso schnell ad acta legen. Routinetätigkeiten oder monotone Arbeiten sind ihnen zuwider. „Sie brauchen den Effekt, die Show, die eindrucksvolle Inszenierung; sie verstehen es zu inspirieren, sind aber auch unberechenbar launisch" (*Neuberger* u. *Kompa*, 1987). Symbole der Macht und des Status sind ihnen wichtig (Bürogröße, Zahl der Mitarbeiter, Dienstwagen, Autotelefon usw.). Ihr Arbeitsstil kann allgemein als „improvisiert" bezeichnet werden und ist typischerweise von *Zeitdruck, Hektik und intuitivem Handeln* gekennzeichnet.

Zwanghafte Persönlichkeiten arbeiten häufig mit hysterischen Chefs zusammen. Konflikte sind jedoch vorprogrammiert. So kann das ständige Absichern und Rückversichern sowie der ausgeprägte Perfektionismus des zwanghaften Mitarbeiters die Ungeduld des hysterischen Vorgesetzten provozieren, da dieser rasche Resultate sehen möchte.

Ursachen. Die hysterische Persönlichkeit entwickelt sich vor allem im 4. und 5. Lebensjahr. Weicht das Kind in diesem Alter festen Bindungen und Rollenerwartungen aus, die von der Realität gefordert werden, wenn also nach *Freud* die Umstellung vom „Lust- zum Realitätsprinzip" nicht vollzogen wird, dann bleibt das Ich instabil und ohne festen Kern. Das Kind spielt Rollen, anstatt eine zu übernehmen und sich mit ihr zu identifizieren (ödipale Phase). Durch mangelnde Vorbilder, unbrauchbare Orientierungsmöglichkeiten in ihrer Umwelt lernen sie eigene Grenzen und Möglichkeiten nicht kennen. Dadurch entsteht ein äußerst labiles Selbstwertgefühl, das zwischen naiver Selbstüberschätzung und Minderwertigkeitsgefühlen schwankt.

Die narzißtische Führungspersönlichkeit

Kennzeichen. Narzißten *überbewerten die eigene Person* und sind sehr stark von der Bewunderung durch ihre Umwelt abhängig. Ihre Beziehungen sind durch extrem ausgeprägten Selbstbezug und Selbstzentriertheit gekennzeichnet. Neid und oberflächliche Emotionalität sind weitere Merkmale. Zwischenmenschliche Beziehungen beuten sie aus und werten Partner ab. Die permanente Selbstbespiegelung wird damit zum wichtigsten Erkennungsmerkmal des Narzißten.

Verhalten. Die Ursachen von Mißerfolgen und die Schuld für eigenes Versagen schreiben narzißtische Vorgesetzte den Mitarbeitern zu. Wer nicht für sie ist und sie bewundert, wird als Feind angesehen und unnachgiebig verfolgt. Demonstrationen der Macht und des Status nutzen sie bei jeder Gelegenheit. Sie arbeiten für die „größte Abteilung“, das „beste Produkt“ oder die „besten Abschlußzahlen“. Die Motivation, eine Führungsposition einzunehmen, wird meist aus dem Wunsch nach Prestige und Macht geboren und nicht aus Freude an der zu bewältigenden Aufgabe. Am wohlsten fühlen sich narzißtische Persönlichkeiten, wenn sie von bewundernden und Beifall klatschenden Mitarbeitern umgeben sind (*Neuberger* u. *Kompa*, 1987).

Ursachen. Ursache für das Verhalten des Narzißten sind Störungen in der Mutter-Kind-Beziehung in der Frühphase der Entwicklung. Mangelndes Vertrauen in die Mutter, die die kindlichen Bedürfnisse nicht wahrgenommen oder angemessen befriedigt hat, führen zum lebenslangen Streben nach Wichtigkeit und Größe.

4.2.3 Bossing und Psychospiele

In der *Transaktionsanalyse* (siehe Seite 141) wird der Begriff „Psychospiel“ für den Umgang zwischen Personen benutzt, der gewissen Modellcharakter hat und eine Reihe von unausgesprochenen Regeln und Vorschriften beinhaltet. Das Wort „Spiel" wird nicht im üblichen Sinne verwandt und hat wenig mit Vergnügen oder Spaß zu tun. Bossende Chefs verwenden „Spiele", um nach außen hin das Gesicht zu wahren und sich hinter ihren legitimierten Verhaltensweisen zu verstecken. In der Beziehung zum Mitarbeiter ist aber die versteckte Transaktion oder Botschaft das eigentlich Wichtige. Im Zusammenhang mit Bossing werden sogenannte „schlechte Spiele" gespielt. Das bekannteste ist das Spiel „Jetzt hab ich dich endlich, du Schweinehund!", auch JEHIDES-Spiel genannt (*Meininger,* 1987). JEHIDES dient der bossenden Führungskraft in zweierlei Hinsicht: Bekommt ein Mitarbeiter eine Aufgabe zugewiesen, von der von Anfang an klar ist, daß er sie unter den gegebenen Rahmenbedingungen nicht erfüllen kann (Zeitrestriktion, Fähigkeiten o. ä), ist der Startschuß gegeben. Im zweiten Schritt „erwischt" der verfolgende Vorgesetzte den Mitarbeiter bei etwas und hält es ihm vor. Der Nutzeffekt für eine feindselige Führungskraft ist ein zweifacher: Einmal kann er sein „Lieblingsgefühl" genießen, nämlich über anderen zu stehen („Ich bin o. k. – du bist nicht o. k.!) und seinen Ärger über die „unfähigen Mitarbeiter" loswerden. Zum anderen gibt es ihm die Möglichkeit, dem verfolgten Mitarbeiter öffentlich Fehlverhalten oder Unfähigkeit vorzuwerfen. Damit kommt er seinem bewußten oder unbewußten Ziel, den Mitarbeiter loszuwerden, ein großes Stück näher, indem er die „Schuld" dem Opfer zuweist.

Das Psychospiel kann als Paradebeispiel für die enge Verzahnung von Persönlichkeitsvariablen eines Täters und Kalkül verstanden werden.

Beispiel für eine Transaktion im JEHIDES-Spiel

Kober, Hauptabteilungsleiter einer Privatbank, erlebt kaum einen Tag, an dem er sich nicht über seine Mitarbeiter ärgern „muß". Ärger ist ein wichtiges Gefühl in seinem Leben. Dazu „benutzt" er andere Menschen, indem er Gründe in ihrem Verhalten sucht, um sich ärgern zu können. Über Herrn Klaus ärgert er sich besonders, da dieser junge Mann sehr gut mit Kunden umgehen kann und daher in jungen Jahren bereits erfolgreichere Abschlüsse tätigt als er selbst mit seinen 30 Jahren Erfahrung. Folgende Transaktion zeigt, wie gut Köber das JEHIDES-Spiel beherrscht:

Köber: „Ich warte seit gestern auf Ihren Entwurf für unseren Prospekt zum Electronic Banking! Der sollte doch gestern fertig sein. Wie lange soll ich denn noch darauf warten?"

Klaus: „Ich hatte es mir für gestern vorgenommen, aber ich mußte ein paar unvorhergesehene Kundentermine wahrnehmen und habe es deshalb nicht geschafft."

Köber: „Da gibts nichts zu entschuldigen! (Wumm!) Wenn Sie meine Anweisungen nochmals ignorieren, dann waren Sie hier die längste Zeit angestellt (Wumm!Wumm!)."

Oberflächlich gesehen scheint dies ein normales, sachliches Gespräch zwischen Vorgesetztem und Mitarbeiter zu sein. Die verborgene Intention wird aber im Verlauf des Dialogs deutlich. Klaus soll gedemütigt werden. Köber konnte sein Lieblingsgefühl, sich zu ärgern, genießen und „Rabattmarken kleben". Außerdem kann er sein „Markenheft" auch noch bei passender Gelegenheit bei der Geschäftsführung „einlösen". Dann ist es ihm möglich, seine Erfahrungen mit dem zwar erfolgreichen, aber „unzuverlässigen, respektlosen, unerfahrenen usw." Klaus zu schildern.

4.2.4 Mitarbeiter mobben den Vorgesetzten

Gemeinheiten, Schikanen und Psychoterror von Mitarbeitern gegen Vorgesetzte finden meist aus folgenden Gründen statt:

- Mitarbeitern wird ein Vorgesetzter durch die Firma vor die Nase gesetzt, den diese nicht gewollt oder gewünscht haben. Dabei sind die Gründe für die Ablehnung vielfältig. Zielscheibe für die Bösartigkeiten der Mitarbeiter ist nicht der Betrieb, sondern die Führungskraft.
- Im Verhalten des Vorgesetzten liegende Gründe provozieren Angriffe der Mitarbeiter. Arroganz, Ungerechtigkeiten, autoritäres Verhalten sind Ursachen dafür.
- Einzelne Mitarbeiter „sägen am Stuhl" des Vorgesetzten, um dessen Position einnehmen zu können.

– Mühsam erworbene Privilegien der Mitarbeiter werden verteidigt, die der Vorgesetzte abschaffen möchte.
– Angst einzelner vor Versetzung oder Entlassung.

Ziel mobbender Mitarbeiter ist es, mißliebige Führungskräfte zu *diskreditieren* und ihre *Ablösung* zu bewirken oder sie zu *zermürben*, damit sie kündigen.

Weitere Gründe sind:

– Druck auf die Führungskraft ausüben, um die eigenen Ziele besser durchsetzen zu können.
– Dem Vorgesetzten Ärger machen, um gekündigt zu werden, was u. U. eine Abfindung beinhaltet.
– Die Führungskraft in Querelen verstricken, damit diese auf einem anderen „Kriegsschauplatz" beschäftigt ist und Mitarbeiter in Ruhe läßt.

4.3 Sexuelle Belästigung am Arbeitsplatz

Sexuelle Belästigung von Frauen oder Männern im Berufsleben ist immer ein einseitiges Annäherungsverhalten. Sie tritt in den *unterschiedlichsten Formen* und in mehr oder minder schwerem Ausmaß auf. Sexistisches Verhalten am Arbeitsplatz kann unabhängig von seiner Form *langfristig schwere psychische Belastungen* zeitigen, unabhängig davon, ob es sich um ein Hinterherpfeifen oder um tätliche Angriffe handelt. Wann aber kann von *sexueller Belästigung* gesprochen werden, und wann nimmt sie zerstörerischen Charakter an? In der Literatur ist sexuelle Belästigung bisher nicht einheitlich definiert worden (*Plogstedt* u. *Bode*, 1984). Relativ umfassend wurde sexuelle Belästigung in den USA in gesetzlichen Vorschriften definiert. Danach wird der Tatbestand der sexuellen Belästigung geschlechtsneutral definiert. Folgende Handlungen fallen darunter:

– unwillkommene sexuelle Annäherung,
– Aufforderung zu sexuellen Begünstigungen und
– anderes verbales oder physisches Verhalten sexueller Art.

Terrorisierende Formen nimmt die sexuelle Belästigung an, wenn sie *häufig und über einen längeren Zeitraum* zum Ziel hat,

- das Arbeitsverhalten einer Person zu stören,
- sie einzuschüchtern oder
- ein feindseliges oder beleidigendes Arbeitsklima zu schaffen.

Aus weiblicher Sicht, um

- Frauen zu Objekten zu degradieren.

Nach *Meschkutat* et al. (1993) werden anzügliche Witze, Hinterherpfeifen, Anstarren, taxierende Blicke und „zufällige" Körperberührungen i. d. R. noch nicht als sexuelle Belästigung empfunden.

Schätzungen gehen davon aus, daß bis zu 5 % aller Mobbing-Fälle in der Bundesrepublik Deutschland in die Kategorie sexuelle Belästigung fallen.

Eine Untersuchung zur sexuellen Belästigung von Frauen im *Öffentlichen Dienst der Stadt Hamburg* (*Schnebele* u. *Domsch*, 1990) zeigt, daß vor allem Frauen der Altersgruppe zwischen 21 und 30 Jahren betroffen sind. Dabei gehen die Belästigungen vor allem von Kollegen aus. Erst an zweiter Stelle werden Vorgesetzte genannt.

Typische sexuelle Belästigungen am Arbeitsplatz sind:

- pornographische Bilder am Arbeitsplatz,
- Bemerkungen über die Figur und sexuelles Verhalten im Privatleben,
- Einladungen mit eindeutigem Charakter,
- Klapse und Po-Kneifen,
- sexuelle Anspielungen am Telefon oder in Briefen,
- Zusicherung von beruflichen Vorteilen für Sex,
- unvermitteltes Berühren der Brust,
- Drohen mit beruflichen Nachteilen bei sexueller Verweigerung,
- Aufforderung zu sexuellen Handlungen,
- aufgenötigtes Küssen (*Meschkutat*, 1993).

Es zeigt sich in vielen Studien (*Schnebele* u. *Domsch*, 1990), daß es vor allem sexuell belästigten Frauen um so schwerer fällt, sich gegen die Übergriffe von Kollegen und Vorgesetzten zu wehren, je größer der psychische und physische Druck ist, denen sie ausgesetzt sind. Viele Frauen fühlen sich eingeschüchtert, gedemütigt, z. T. auch selbst schuldig. Sie zögern, sexuelle Belästigungen am Arbeitsplatz zu melden, da sie ihnen peinlich sind. Zudem sind sexuelle Übergriffe nur schwer zu beweisen, da meist keine Zeugen vorhanden sind. Kommt es einmal zur Aufdeckung eines Vorfalls, fehlt die Unterstützung durch Vorgesetzte und Personalverantwortliche, da diese meist unsicher und hilflos im Umgang mit der Problematik sind.

Kann ein entsprechendes Fehlverhalten bewiesen werden, sind sexuelle Belästigungen *strafrechtlich relevant*. Nach § 184 c StGB stellen sie Beleidigungen dar und werden nach § 185 StGB mit Geld- oder Haftstrafen geahndet. Tatsache ist jedoch, daß nur 1 % der Betroffenen den Täter verklagt. Abhilfe gegen das Zurückschrecken vieler Opfer vor einer Klage sollen künftig neue Gesetze schaffen. Sie sehen vor, daß die Personalverwaltungen verpflichtet werden, strafrechtlich oder disziplinarisch gegen die Übeltäter vorzugehen.

4.4 Von Opfern, Tätern und Mitläufern beim Terror am Arbeitsplatz

Systematische Feindseligkeiten können jeden treffen. Daß Böswilligkeiten nur die träfen, die „es verdienten", ist nicht wahr. Grundsätzlich kann nach dem derzeitigen Stand der empirischen Forschung zum Psychoterror am Arbeitsplatz jeder Opfer werden. Dennoch zeigt es sich, daß bestimmte Personen besonders gefährdet sind, wenngleich meist keine sachlichen Gründe dafür zu finden sind. Wenn man als einzige Frau unter Männern arbeitet oder umgekehrt, scheinen diese Mobbing-Gelüste zu wachsen. Aber auch ein hierarchischer Aufstieg eines Kollegen oder besondere Erfolge einer sehr jungen Kollegin können Anfeindungen in Gang bringen. Es kann aber auch neue KollegInnen treffen, die ins Team kommen und anderen gegenüber einen fachlichen Vorsprung haben. Die Wahrscheinlichkeit, Opfer von Mobbing zu werden, ist für diese Personen schlichtweg größer, und es erhebt sich die Frage, auf welche Weise sie sich von den KollegInnen unterscheiden bzw. welche Signale sie vor allem unbewußt aussenden, die Schikaneure ermuntern.

Bei dieser Diskussion ist es wichtig zu betonen, daß die Ansicht *Leymanns*, Persönlichkeitsmerkmale der Opfer spielten beim Mobbing keine Rolle, zu einseitig ist. *Ausschließlich* strukturelle Faktoren wie Organisation, Gestaltung und Leitung der Arbeit dafür verantwortlich zu machen, wird den Forschungsergebnissen der Sozialpsychologie, der Kriminologie und verschiedener Therapiestudien nicht gerecht. Nur die Zusammenschau *diverser Ursachenerklärungen* für Bosheiten gegenüber Mitmenschen ermöglicht es, praktisch umsetzbare Gegenmaßnahmen zu finden.

Die *Verhaltensforschung* zeigt, daß fremde Artgenossen Flucht oder Angriff auslösen. Diese Tatsache bewirkt das Zusammenschließen der Gruppe. Menschen entwickeln sehr früh, etwa im Alter von 6–9 Monaten, Fremdenfurcht, und zwar in allen Kulturen. Mitmenschen sind somit Träger von Signalen, die Furcht und Aggression auslösen (*Eibl-Eibesfeldt*, 1987). Eine bemerkenswerte Aggressionsform, die sich sowohl im Tierreich als auch beim Menschen findet, ist die *Ausstoßungsreaktion*. Sie trifft ausschließlich Gruppenmitglieder, die von der *Norm abweichen*. Körperliche Gebrechen oder Schwäche sind derartige Abnormitäten. Ausstoßungsreaktionen beobachtet man in milder Form bei Kindern oder in schwerer Form beim Militär. Abweichende Gewohnheiten, Fettleibigkeit oder Schielen können zu Hänseleien, Auslachen und manchmal zu Mißhandlungen führen. Entwicklungsgeschichtlich gesehen hat die Ausstoßungsreaktion sicher einen selektionistischen Vorteil gebracht und zur Homogenität einer Gruppe beigetragen. Eine Gleichschaltung aller Gruppenmitglieder erzeugt eine Vorhersagbarkeit des Verhaltens und vermindert Spannungen. Hänseln kann somit als eine Art „Erziehungsfunktion" betrachtet werden, die den „Abweichenden" auf normabweichendes Verhalten aufmerksam macht. Gelingt eine Anpassung des Gruppenmitgliedes nicht, zeigen sich Aggressionen, die viel heftiger und grausamer sind als die gegen Feinde, da das verbindende Band zerstört werden muß (*Eibl-Eibesfeldt*, 1987).

Menschen mit starker *Opferaffinität* senden verstärkt normabweichende Signale aus. Die soziologische *Labelling-Theorie* (*Jones*, 1984) beschreibt den Prozeß des Ab-Sonderns aus einer sozialen Einheit. Der „Aufkleber" (Label) „Sonderling", „Karrierist", „Faulpelz", „Radfahrer", „Linker" usw. wird vergeben, nachdem ein Unterschied zum Normverhalten festgestellt wurde (z. B. Verhaltensauffälligkeiten, Kleidung, Körperbehinderung, gutes Verhältnis zum Vorgesetzten usw.). Dem so Stigmatisierten werden weitere Attribute zuerkannt. Dadurch weiß „man", wie „man" mit ihm umzugehen und was „man" von ihm zu erwarten hat. Der Betroffene wird weniger wert und kann entsprechend entwürdigend behandelt werden. Damit kommt es zu gegenseitigen Verhaltensbeeinflussungen, die wiederum die Vorurteile der Ausgrenzer bestätigen. Wenn sich also eine schikanierte Person wehrt, wird dies als Zeichen für ihr Querulantentum, ihre Uneinsichtigkeit usw. gesehen. Der Vorgesetzte, der seinem Mitarbeiter vorwirft, er könne nicht selbständig arbeiten, wird ihm keine Aufgaben übertragen, die er selbständig erledigen kann. Im Sinne einer sich selbst erfüllenden Prophezeiung wird der Betroffene auch im Ernstfall nicht selbständig arbeiten können, etwa dann, wenn der Chef erkrankt. Opfer von Gemeinheiten haben somit kaum eine Chance, aus eigener Kraft diesem Teufelskreis zu entkommen.

Beispiele für Stigmatisierungen sind:

- Behinderte mit verschiedenen Handicaps (geistig, psychisch, körperlich; „Spastis"),
- Ausländer,

- Asylbewerber („Kanaaken"),
- Frauen in Männerberufen („Emanze"),
- ältere Mitarbeiter („Gruftis", „Kalkeimer"),
- Homosexuelle („Schwule"),
- Personen aus sozialen Brennpunkten („Asoziale"),
- Menschen mit ansteckenden Krankheiten wie Aids.

Ein beliebiges Merkmal kann unter begünstigenden gesellschaftlichen Bedingungen ausreichen, um eine heftige Ausstoßungsreaktion auszulösen, die aus den übelsten Schikanen bestehen kann, wie etwa im Fall der Juden im Dritten Reich. Das Böse am Arbeitsplatz stellt diesen Prozeß *en miniature* dar. Ob eine Person, die Anreize für Schikane bietet, tatsächlich terrorisiert wird, hängt sicherlich von den jeweiligen Bedingungen wie Arbeitsabläufe, Betriebsklima, Konkurrenz untereinander, Vorgesetztenverhalten, wirtschaftliche Entwicklung usw. ab. Nur in der Wechselwirkung zwischen *individuellen Persönlichkeitsmerkmalen* und *strukturellen Bedingungen* wird eine entsprechende Basis für Intrigen, Bosheiten und Mobbing entstehen können. Folgende persönliche Bedingungen können bei ungünstigen Umfeldern zu Psychoterror führen:

a) Opfer geben berechtigten Anlaß zu Ablehnung und Aggression

Vorgesetzte oder KollegInnen zeigen konkretes Fehlverhalten und geben Anlaß zu Unzufriedenheit, Zurückweisung und Aggressionen. Die Gegenreaktion der direkt Betroffenen ist jedoch falsch gewählt. Die Ursachen für das Verhalten der Schikaneure und Mobber liegt somit im Verhalten des Opfers. Dabei sind *zwei Verhaltensweisen* zu unterscheiden:

● *Mangelndes Leistungsvermögen*

- *Mangelnde Kenntnisse, Fähigkeiten und Fertigkeiten.* Dem Opfer, z. B. einem Vorgesetzten, fehlen die notwendigen Voraussetzungen für die Erfüllung seiner Aufgaben.

94

– *Geringe Leistungsmotivation.* Der Mitarbeiter, Kollege oder Vorgesetzte ist zwar leistungsfähig, aber nicht leistungsbereit. Mangelnde Motivation oder Sich-vor-der-Arbeit-drücken führen zu Pressionen von seiten der KollegInnen. Selbstredend sind die Ursachen für mangelnde Leistungsmotivation vielfältig und eine gründliche Diagnose für ihre Verbesserung notwendig. Den KollegInnen sind die Gründe i. d. R. nicht wichtig, da sie ihr Verhalten an den sichtbaren Arbeitsergebnissen des Opfers ausrichten.

– *Sprengen der „heimlichen Leistungsnorm".* KollegInnen, die gegen die „heimliche Leistungsnorm" verstoßen, können Opfer werden. Ursache hierfür ist das „Gruppendenken", d. h. die „ungeschriebenen Gesetze" in den Köpfen der Teammitglieder, die von einer bestimmten, von allen zu erbringenden Leistungshöhe ausgehen. Wird dieses Niveau von einzelnen nicht erreicht, versucht die Gruppe, zunächst durch Ermahnungen und später durch massiven Druck, das „abweichende" Mitglied zur „Norm" zu zwingen.

– *Häufiges kurzes unentschuldigtes Fehlen.* In der Zusammenarbeit mit anderen ist ein häufiges unentschuldigtes, kurzzeitiges Fehlen (Absentismus), etwa an Tagen zwischen zwei Feiertagen, den sogenannten Brückentagen, für KollegInnen ärgerlich. Dem Ärger wird dann nicht in einem sachlichen Gespräch Luft gemacht, sondern mittels Sticheleien, „eins Auswischen", usw.

– *Schlampiges, unkonzentriertes Arbeiten.* Eine hohe Ausschußrate, etwa bei Akkordarbeit, die evtl. auf Kosten der Gesamtgruppe geht, läßt böses Blut entstehen.

● *Persönlichkeitsverbiegungen*

Charakterfehler wie
– Arroganz,
– lügen und betrügen,
– Distanzlosigkeit,
– mangelndes Taktgefühl,

- ein intrigantes Wesen oder
- prahlen

führen zu Aggressionen im Umfeld der provozierenden Person. Die sogenannten „blinden Flecke" bei den Opfern lassen sie ihr Verhalten selbst nicht wahrnehmen. Opfer, die zur Zielscheibe des Hasses ihrer KollegInnen werden, weil sie beispielsweise Erfolg haben und damit Neid auslösen, stellen diesen Erfolg nicht selten zur Schau. Insofern sind im klassischen Neidkonflikt zwei Neurotiker beteiligt. Der Philosoph *Sören Kierkegaard* bezeichnet daher auch diejenigen als Neider, die andere Menschen neidisch machen. Eine sinnvolle Reaktion der potentiellen Angreifer wäre es, das für sie ärgerliche Verhalten rückzumelden, so daß der Betroffene sein Handeln ändern kann.

● *Probleme der sozialen Anpassung.* Opfer wird auch schnell, wer sich

- außerhalb der Gruppe stellt,
- gemeinsame Aktivitäten meidet,
- KollegInnen aus dem Wege geht,
- Informationen „bunkert",
- in den Kompetenzbereich anderer eingreift oder
- Regeln und Normen der Organisation mißachtet.

b) Unbeabsichtigte Signale des Opfers treten in Wechselwirkung mit Täterempfindlichkeiten

Mobbing, Bullying oder Bossing sind Attacken gegen ein ausgesuchtes Opfer. Im Unterschied zur ersten Ursachengruppe liegen die Gründe für Böswilligkeiten nicht im Verhalten des Angegriffenen, sondern in der Sensibilität des Täters für ein bestimmtes Merkmal auf seiten des Opfers.

● *Äußere Auffälligkeiten.* Abweichungen vom Üblichen wie

- Stottern,
- unsicheres Auftreten,

- Kleinwüchsigkeit,
- Fettleibigkeit,
- Gesichtsform,
- unmoderne Kleidung,
- fremdländisches Aussehen oder ein
- ausgeprägter Dialekt.

● *Behinderungen oder Krankheiten*

  - Geistige, körperliche oder psychische Behinderungen,
  - motorische Tics wie z. b. Halszuckungen,
  - Abhängigkeitserkrankungen wie z. B. Alkoholismus, Tablettensucht, verbunden mit Auffälligkeiten (Schwanken, Lallen),
  - Erkrankungen des Magen-Darm-Traktes (z. B. Mundgeruch, künstlicher Darmausgang),
  - HIV-Infektion,
  - Hautausschläge (z. B. Allergien, Neurodermitis).

c) Die Gründe liegen ausschließlich beim Täter

In dieser Kategorie gehen die Böswilligkeiten ausschließlich vom Täter aus. Dieser verfolgt eigensüchtige Interessen, hat sadistische Züge, ist launenhaft oder von Minderwertigkeitsgefühlen zerfressen. Das Opfer wird zur Projektionsfläche oder Zielscheibe der eigenen Unzulänglichkeiten und Aggressionen. Ausgrenzen, Anfeinden oder Drangsalieren treffen Personen nur deshalb, weil sie jünger oder größer als der Vorgesetzte sind, weil sie alleinerziehend sind oder beruflich erfahrener.

Beispiele:

Die Ausnahmeerscheinung. Studien belegen, daß beispielsweise die einzige Frau in einer Männergruppe leichter angefeindet wird, insbesondere, wenn es sich um Tätigkeiten handelt, die bisher Männern vorbehalten waren. Dies trifft allerdings auch umgekehrt für das männliche Geschlecht zu, etwa dann, wenn ein Erzieher der einzige Mann unter Kindergärtnerinnen ist.

Der oder die Neue. Zu leiden haben oft neue MitarbeiterInnen, die in ein Team kommen und sich von den anderen durch bessere Voraussetzungen unterscheiden, etwa durch eine höhere Qualifizierung, den Doktortitel oder die bereits unter der Hand bekannt gewordenen Karriereaussichten.

Erfolg. „Neid sei die höchste Form der Anerkennung", heißt es oft. Diese ist aber meist teuer bezahlt, denn dem Erfolgreichen, der vielleicht zuvor sehr gut mit den KollegInnen ausgekommen war, werden nun Steine in den Weg gelegt. Oder MitarbeiterInnen ärgern sich regelrecht „grün und gelb" vor Neid, wenn ihnen z. B. ein von der Universität kommender Neuling vor die Nase gesetzt wird, obwohl sie jahrzehntelang für die Firma gearbeitet haben. Auch derjenige, dessen Ideen immer eine Spur pfiffiger sind, etwa im Wissenschaftsbetrieb, wird den Neid, ja sogar den Haß der Erfolglosen zu spüren bekommen.

4.4.1 Persönlichkeitsmerkmale von Opfern

Werden Nichtgemobbte nach den Ursachen für Mobbing gefragt, schreiben sie zumeist den Opfern einen Großteil der Schuld zu. Sie sehen deren Persönlichkeit als Ursache für die Aktivitäten der Täter an (vgl. *Niedl*, 1995). Zwar existieren in geringem Umfang Untersuchungen zu Persönlichkeitsmerkmalen von Opfern (*Brodsky,* 1976; *Einarsen* u. *Raknes*, 1991), Studien über Täter liegen dagegen keine vor. Auch die wenigen Daten zu den Persönlichkeiten von Betroffenen scheinen für Verallgemeinerungen und Schuldzuweisungen noch zu dürftig. Gleichwohl ergeben sich nach *Brodsky Idealtypen* von gemobbten Personen. Er unterscheidet folgende Typen:

- der Uneinsichtige,
- der Paranoide,
- der Zwanghafte,
- der Manieristische,
- der Passive und Abhängige,
- der Clown und
- der Hypochonder.

Da jede *Typologie* ihre Schwächen hat, ist die nachfolgende Aufzählung im Sinne eines *Ordnungsschemas* zu verstehen. Damit dient sie dem besseren Zurechtfinden und Verstehen der an Böswilligkeiten beteiligten Personen und deren Verhaltensweisen. Zum Glück entzieht sich menschliches Verhalten einer eindeutigen Typisierung, da es sehr vielfältig und komplex ist. Daher finden sich in der Praxis meist Opfer- und Tätertypen, die aus verschiedenen Anteilen bestehen, die sogenannten „Mischformen".

Der Uneinsichtige. Bei ihm handelt es sich um den Mitarbeitertyp, der den eigenen Wert für das Unternehmen falsch einschätzt. Er vermißt Lob und Anerkennung. Obwohl in der Arbeit unglücklich, glaubt er, die Organisation brauche ihn. Er schätzt sein eigenes Verhalten und das der KollegInnen falsch ein. Diese Selbsttäuschungen führen zwangsläufig zu Enttäuschungen aufgrund der Diskrepanz zwischen Selbst- und Fremdbild. Chancen für einen Wechsel nimmt er nicht wahr und zieht berufliche Alternativen nicht in Betracht.

Der Paranoide. Dieser Typ fühlt sich durch seine soziale Umwelt „verfolgt", in der Gefahren lauern, denen es aus dem Wege zu gehen gilt. Nicht der einzelne ist gegen ihn, sondern das soziale System. Das Verfolgungsgefühl resultiert daher aus der Wechselwirkung zwischen dem paranoiden Typ und seinem Umfeld.

Der Zwanghafte. Wie die zwanghafte Führungspersönlichkeit, so sind auch für diesen Opfertyp die selbstgeschaffenen Standards absoluter Maßstab für sein Handeln und das von anderen. Verhalten sich seine Mitmenschen nicht erwartungsgemäß, entstehen Probleme.

Der Manieristische. Der manieristische Typus provoziert seine Umwelt zu feindseligen Attacken dadurch, daß er glaubt, mehr zu sein, als er in Wirklichkeit ist, und dies auch nach außen hin zeigt. Aus dieser „Ich-bin-o. k.-Position" setzt er die KollegInnen in eine „Nicht-o. k.-Position", was sich viele nicht bieten lassen.

Der Passive und Abhängige. Dieser Typus erwartet Wertschätzung aus seinem beruflichen Umfeld. Wird sie ihm nicht gegeben, wertet er die mangelnde Anerkennung als Feindseligkeit. Daraus ergeben sich in der Interaktion mit KollegInnen und Vorgesetzten immer wieder Situationen, die „echte" Feindseligkeiten" provozieren.

Der Clown. In Arbeitsgruppen und Teams entstehen durch gruppendynamische Prozesse zwangsläufig verschiedene Rollen. Neben dem „Beliebten", dem „Tüchtigen" oder dem „Sündenbock" entsteht oft die des „Clowns" oder „Spaßmachers". In diese Rolle manövrieren sich die einzelnen hinein, oder sie wird ihnen von der Gruppe „zugewiesen". Müssen die Betroffenen lange Zeit diese Rolle spielen, und führt dies zu Verhöhnungen oder Ablehnung, bestehen erhebliche Konfliktpotentiale, die Mobbing-Handlungen fördern.

Der Hypochonder. Die subjektiv wahrgenommene Arbeitsbelastung kann von diesem Typ gefühlsmäßig nicht ausgedrückt werden, was dazu führt, daß er die Ursache für Überforderungen nicht in der Arbeit selbst, sondern in seiner mangelnden Leistungsfähigkeit begründet sieht. Er hat das Gefühl, „Spielball" externer Kräfte zu sein. Die eigene Unfähigkeit, Bedürfnisse anzumelden, kombiniert mit permanentem Klagen und Jammern, wird zum Quell für Konflikte mit KollegInnen.

4.4.2 Ursachen in der Person des Täters

Schikaneure haben die verschiedensten *Persönlichkeitsstrukturen*. Dies wurde bereits beim Thema „Bossing" deutlich. Allerdings wird den meisten Tätern eine Gemeinsamkeit bescheinigt: Konfrontiert man die Täter mit ihren Opfern, *erschrecken* sie und *bestreiten* jegliche böse Absicht. Sie emp-

100

finden sich im Gegenteil selbst meist als Opfer und wissen dementsprechend auch über diverses Fehlverhalten des „Gemobbten" zu berichten.

Merkmale, die die Haltung des Täters kennzeichnen:

- bei freier Wahl der „Waffen" den aggressiven Weg wählen,
- für die Aufrechterhaltung des Konfliktes sorgen und so zur Eskalation beitragen,
- negative Folgen für andere bewußt in Kauf nehmen oder ignorieren,
- kein Schuldbewußtsein, sondern das Gefühl, für „Gerechtigkeit" zu sorgen.

Wenngleich die Ursachen für Mobbing in den Interaktionen zwischen den beteiligten Personen und den strukturellen Gegebenheiten zu sehen sind, sollen nachfolgend Typen von Mobbern vorgestellt werden, die durch ihre *Persönlichkeit* oder ihr *Verhalten* die Wahrscheinlichkeit für systematische Anfeindungen erhöhen. Dies sind neben den eigentlichen aktiven Tätern auch die durch ihre Passivität und ihr Sympathisantentum mitschuldig werdenden KollegInnen oder Vorgesetzten. Eine Systematisierung erscheint aufgrund von beobachtetem Täterverhalten hilfreich und kann das Erkennen von schädigenden Verhaltensweisen erleichtern. Auch hier gelten die bereits dargestellten Einschränkungen zur Typisierung von Persönlichkeiten. Folgende Grobeinteilung in *aktive MobberInnen, ZufallstäterInnen, MitmacherInnen und SympathisantInnen* erscheint dabei sinnvoll.

4.4.2.1 Aktive MobberInnen

Unter den aktiven MobberInnen lassen sich Unterschiede in der Motivation zum Schikanieren erkennen, die in Subkategorien hinsichtlich der typischen Verhaltensweisen und Beweggründe beschrieben werden können. Gemeinsam ist allen, daß sie aktiv quälen, schädigen und tyrannisieren. Folgende Typen lassen sich unterscheiden:

- der Sadist,
- der Neider,
- der Unterwürfige,
- der Karrierist,
- der Wichtigtuer.

Der Sadist

Verhalten. Der Sadist genießt es, andere subtil oder offen zu quälen. Er möchte seine Opfer in ihrem Selbstwertgefühl zutiefst verletzen. Dazu spielt er skrupellos auf der Klaviatur der Mobbing-Techniken. Er ist der „Lust-Mobber" und genießt es, wenn sein Opfer in eine von ihm gestellte Falle tappt. Merkmale des Opfers, die ihm besonders ins Auge fallen, lösen seinen Instinkt fürs Quälen aus. Wehrt sich das Opfer, stachelt dies seine Phantasie noch mehr an.

Zustandekommen. Aus der *Lebens- und Lerngeschichte* des Sadisten kann sein Drang zu quälen abgeleitet werden. Anerkennung und Zuwendung, die ihm z. B. in der Schule zuteil wurden, wenn er dem Klassenprimus böse Streiche spielte, sowie das Gefühl der „Macht" über das Opfer, sind maßgebliche Lernprozesse. Aber auch ein wenig ausgebildetes Selbstbewußtsein und die negativen Erfahrungen, selbst gequält worden zu sein, sind Ursachen für sein Verhalten.

Gegenmaßnahmen. Die einzig sinnvolle Strategie gegen das Tun des Sadisten ist das Aufdecken. Schonungslos ist sein Verhalten an den Pranger zu stellen. Er ist kein Zufallstäter, und auch strukturelle Bedingungen oder anderer Druck verführen ihn nicht zu seinem Tun. Die Kündigung eines sadistischen Mobbers scheint in diesem Falle die einzig richtige Konsequenz für einen fürsorglichen Vorgesetzten.

Der Neider

Verhalten. Der Neider ist ein *aggressiver Unruhestifter*, der etwas haben möchte, was ein anderer besitzt. Er ist auf das Gehalt, die Position oder die Fähigkeiten eines anderen neidisch. Dabei spielt immer auch ein Quantum Eifersucht mit hinein. Der Neider wird meist von weiteren starken Gefühlsregungen wie Haß und Schadenfreude gebeutelt. Der Neidmensch versucht, durch Intrigen und andere Gemeinheiten dem Beneideten Schaden zuzufügen, um sich am Unglück des anderen zu weiden. Dadurch wird sein eigenes Leben wieder in ein besseres Licht gerückt.

Da der Neider sehr geschickt in der Wahl seiner Mobbing-Strategien ist und auch andere als Instrument für seine Ziele einsetzt, ist es oft schwierig, ihn bei seinem Treiben zu erwischen. Häufig sind seine Attacken schlichtweg auch nur destruktiv, und es ist kein Vorteil für ihn zu erkennen.

Zustandekommen. Ausgeprägte Neider sind immer extrem „außenorientiert", d. h. sie sind sehr stark von der Anerkennung und Meinung ihrer Umwelt abhängig. Dadurch mißt und vergleicht sich der Neider ständig, was letztlich den Neid hervorruft. Damit ist der Neider ständig „außer sich", was einer Flucht vor sich selbst gleichkommt.

Gegenmaßnahmen. Da der destruktive Neider seine Mitmenschen für seine systematischen Anfeindungen instrumentalisiert, gilt er häufig als liebenswürdige Person. Eine definitive Diagnose ist daher oft schwierig. Bewußte und unbewußte Helfer des Neiders müssen identifiziert werden, um ein sinnvolles Einschreiten der Führungskraft zu ermöglichen. Besonders hilfreich ist es, dem Neider die Plattform für seine Intrigen zu entziehen, indem den Handlangern die Konsequenzen ihrer Handlungen realistisch aufgezeigt werden. Versetzung, Reduzierung des Kontaktes mit dem Opfer, um den ständigen Vergleich zu verhindern, sind weitere moderate Möglichkeiten.

Der Unterwürfige

Verhalten. Der Unterwürfige geht Konflikten aus dem Wege. In vorauseilendem Gehorsam dient er sich seinen Vorgesetzten an. Nach unten tritt er, wenn er kann. Personen, denen er sich überlegen fühlt, zeigt er dies. Ist er in einer Führungsfunktion, betreibt er Bossing. Als eine Art Reaktionsverschiebung läßt er die nach oben unterdrückte, negative psychische Energie an seinen MitarbeiterInnen aus.

Zustandekommen. Der Unterwürfige ist häufig sehr ehrgeizig, schlägt aber aufgrund eines Mangels an Mut und Risikobereitschaft eine inadäquate „Erfolgsstrategie" ein, die oft in einer Sackgasse endet. Seine Erziehung ist meist durch hemmende und dominierende Eltern geprägt. Die Strategie „Erfolg durch Anpassung" wurde von ihnen vorprogrammiert.

Gegenmaßnahmen. Da das Denken und Verhalten des Unterwürfigen autoritätsfixiert ist, bieten sich für den Vorgesetzten ideale Eingriffsmöglichkeiten. Ein starkes Auftreten und Verhaltensdirektiven zeitigen Erfolg.

Der Karrierist

Verhalten. Sein Verhalten ist mit dem Satz zu umschreiben: „Je mehr er hat, je mehr er will, niemals steht der Ehrgeiz still!" Der Karrierist möchte seine Ziele erreichen, die da heißen Geld, Macht oder Einfluß. Dabei pervertiert er das in unserer Gesellschaft so hochbewertete Leistungsstreben und arbeitet mit unlauteren Mitteln. Seine Handlungsmaxime ist nicht die Sozialverträglichkeit, sondern das Gesetz des Ellenbogens. Deshalb intrigiert, terrorisiert und quält er andere so lange, bis sie ihm den Weg zu seinem Ziel freimachen.

Zustandekommen. Ein narzißtischer Charakter ist kennzeichnend für den Karrieristen. Innere Unsicherheit und mangelndes Selbstwertgefühl müssen kompensiert werden und sind die Triebfedern für das permanente Streben nach Anerkennung. Defiziterlebnisse in der Kindheit, provoziert durch Bezugspersonen, tun ein übriges, da sie ungeschehen gemacht werden sollen.

Gegenmaßnahmen. Da der Karrierist eine ausgeprägt kompetitive Einstellung besitzt, ist im Umgang mit ihm Vorsicht geboten. Ziehen Sie betroffene MitarbeiterInnen aus seinem Umfeld ab oder, wenn Sie es sich leisten können, versetzen Sie den Karrieristen. Nur so kann der Wettbewerb mit ihm vermieden werden.

Der Wichtigtuer

Verhalten. Der Wichtigtuer verfügt über ein *verzerrtes Selbstbild.* Er nimmt sich sehr wichtig und möchte seine Wichtigkeit permanent unter Beweis stellen. Im Mittelpunkt zu stehen bereitet ihm starke Genugtuung. Daher ist er als Instrument in der Hand eines Mobbers eine gefährliche Waffe. In einer Art Symbiose haben der Wichtigtuer und der Peiniger einen Gewinn. Der Wichtigtuer kann sich hervortun, und der Mobber kann im Hintergrund bleiben. Als williger Handlanger ist der Wichtigtuer bei vielen „bossenden" Führungskräften beliebt.

Zustandekommen. Quelle seines wichtigtuerischen Wesens ist sein mangelndes Selbstwertgefühl, das er versucht, durch sein Wichtigtun wettzumachen.

Gegenmaßnahmen. Fürsorgliche Vorgesetzte können sich den psychischen Mechanismus des Wichtigtuers selbst zunutze machen und ihn auf die Seite des „Guten" ziehen. Indem sie ihm Aufgaben übertragen, die Boshaftigkeiten und Gemeinheiten verhindern sollen, ist sein Bedürfnis nach Anerkennung und Wichtigkeit gestillt. Damit kommt den MobberInnen ihr williges Werkzeug abhanden.

4.4.2.2 ZufallstäterInnen

Verhalten. Der Zufallstäter unterscheidet sich im Verhalten gegenüber seinem Opfer nicht von anderen TäterInnen. Sein Handlungsspielraum besteht allerdings darin, daß er als derjenige, der aus dem Konflikt als der Stärkere hervorgegangen ist, entscheiden kann, ob er seinen Kontrahenten vernichten möchte oder sich mit seinem „Sieg" zufrieden gibt. Vorstellungen von Sitte und Moral des Täters entscheiden damit wesentlich über sein weiteres Verhalten.

Zustandekommen. Ursache für die Boshaftigkeiten des Zufallstäters ist in der Regel ein anfangs harmloser Konflikt, der eskaliert ist.

Gegenmaßnahmen. Dem Vorgesetzten bieten sich bei diesem Mobber-Typ gute Chancen, die weitere Entwicklung positiv zu beeinflussen, indem er den Täter auf sein Tun unmißverständlich aufmerksam macht und an moralische Kategorien appelliert.

4.4.2.3 MitmacherInnen und SympathisantInnen

Verhalten. Bei diesem Typ können *aktive* und *passive* MitmacherInnen unterschieden werden. Erstere unterstützen den aktiven Mobber, indem das Opfer zusätzlich von ihnen gepeinigt wird. Inaktive MitmacherInnen sehen weg, wenn Betroffene Ziel von Gemeinheiten werden. Vielleicht empfinden sie dabei auch insgeheim Schadenfreude oder Genugtuung. In einen kausalen Zusammenhang mit dem Mobbing-Geschehen kann man sie jedoch nicht bringen. Als „Ermöglicher" tragen sie selbstverständlich genausoviel Schuld wie die aktiven TäterInnen. Sie werden auch als „mittelbar Mobbende" bezeichnet und sind in der Regel wichtiger Bestandteil im Szenario eines Mobbing-Prozesses. Entweder haben sie sich noch nicht richtig entschieden, aktiv mitzumobben, und/oder sie haben ihre Sympathie einer der beiden Parteien geschenkt.

Ihre Haltung ist durch Ambivalenzen und meist durch eine Weigerung, sich „hineinziehen" zu lassen, gekennzeichnet.

Zustandekommen. Aktive MitmacherInnen werden oft durch die Anonymität des „Clans" der mobbenden KollegInnen ermuntert. Aber auch Gefallenwollen und die Angst, selbst zum Außenseiter zu werden, sind Motive für beide Formen der Mitmacher. Schließlich scheint es gerade für den passiven Mitmacher eine Art Überlebensstrategie zu sein, sich immer nach der Meinung der Mehrheit zu richten. Damit ist der Mitläufer eine Art „Wendehals", der sich, wenn sich das Blatt gewendet hat, auf die andere Seite schlägt.

Gegenmaßnahmen. Da MitläuferInnen wenig Zivilcourage besitzen und selbst Angst haben, ist es zu allererst Aufgabe des Vorgesetzten, Vertrauen zu diesen Personen aufzubauen. Ferner gilt es, vor allem den Passiven die Angst zu nehmen, sie aktiv zu unterstützen und ihnen Mut zu machen. Aktive MitläuferInnen müssen aus dem „Mobber-Kartell" herausgebrochen und vom Drahtzieher isoliert werden.

4.4.3 Gruppendynamische Aspekte

Die interne Struktur von Arbeitsgruppen oder Teams ist nicht nur durch den formellen Aspekt im Sinne des Organigramms geprägt, sondern durch die *Entstehung von Rollen* und *Erwartungen*. In jeder Gruppe bilden sich für notwendige Aufgaben „Spezialisten" heraus. Wie im sachlichen Bereich der Aufgabenerfüllung gibt es auch im sozioemotionalen Bereich eine Art Arbeitsteilung. Einzelne Personen werden z. B. dazu ausersehen, die Rolle des *Kritikers*, des *Schlichters*, des *Faulpelzes,* des *Sündenbocks* oder des *Gruppenclowns* usw. zu „spielen". Dabei gibt es so etwas wie einen „Rollensog", der bestimmte Gruppenmitglieder für bestimmte Rollen besonders prädestiniert. Wer durch sein Äußeres, eine ungewohnte Sprechweise oder seine auffällige Kleidung die Aufmerksamkeit der anderen auf sich gezogen hat, avanciert schnell zum „Narren". Der „Neue", der „Gehemmte" oder der „Leistungsschwache" eignen sich besonders gut für die Rolle des „Sündenbocks". Unterschwellig vorhandene Emotionen in der Arbeitsgruppe hinsichtlich Angst vor *Mißerfolg, Unfähigkeit* oder *Arbeitsplatzverlust* werden auf diese Rolle projiziert und negative Gefühle auf den Rolleninhaber abgeladen.

Daß es sich um einen *gruppendynamischen Mechanismus* handelt, wird daran deutlich, daß eine Person, die sich den Schikanen und Ungerechtigkeiten einer zugewiesenen „Sündenbockrolle" durch Kündigung entzogen hat, sehr schnell durch einen anderen Kollegen ersetzt wird. In der Kleingruppenforschung wird dies damit erklärt, daß spezifische Rollen (in bestimmten Situationen) wahrgenommen werden müssen. Damit sind Erwartungen an eine Rolle weniger durch *Personen* geprägt, als durch die *Funktion der Rolle*. Die *Rollensender* (KollegInnen) richten ihr Verhalten an den Gruppenerfordernissen, dem Leistungs- und Beziehungsstand der Gruppe oder aktuellen Problemen aus. Diese Rollenzuweisungen werden immer dann Quellen für geplante Boshaftigkeiten werden, wenn die Rolleninhaber unfähig oder nicht willens sind, die Erwartungen der Rollenverteiler zu erfüllen. Sie setzen sich dadurch dem oftmals intoleranten Zwang der Gruppe oder des Teams aus, was zu Feindseligkeiten führt.

Aber nicht nur die klassischen Rollen, die sich aus der Dynamik der zwischenmenschlichen Beziehungen ergeben, führen einzelne in eine potentielle Gefährdung für Mobbing-Attacken, sondern auch eine unzureichende Aufgabenteilung im Team bzw. in der Arbeitsgruppe. Die Praxis zeigt immer wieder, daß offene Fragen, *wer für was zuständig und verantwortlich* ist, *wer welche Kompetenzen* (Befugnisse, Rechte) hat usw., Ursachen für Konflikte sind.

Vorgesetzte haben die Chance, negative Vorgänge in Arbeitsgruppen positiv zu beeinflussen. Dazu gehört zum einen das Wissen, daß Gruppen *Entwicklungen* durchmachen, die beschrieben werden können. Zum anderen können Führungskräfte in diesen Entwicklungsphasen die *Beziehungen der Mitarbeiter* untereinander beeinflussen. Folgende Übersicht beschreibt die Phasen und Charakteristiken und gibt Empfehlungen für Eingriffe von seiten des Vorgesetzten:

1. Phase: Orientierung

Verhalten der Mitarbeiter: Unsicherheit der Mitarbeiter und Angst vor dem, was kommen könnte. Man versucht, die anderen kennenzulernen und testet die eigene Wirkung. Man ist distanziert und versucht, Ordnung und Überblick zu gewinnen.

Interventionsmöglichkeiten

1. Ziel des Vorgesetztenverhaltens in dieser ersten Phase ist es, den organisatorischen Rahmen abzugrenzen und die inhaltlichen Schwerpunkte klar vorzustellen.
2. In dieser Phase sollten die Mitarbeiter die Möglichkeit haben, ihre Erwartungen an die Arbeit in der Gruppe bzw. dem Team zu artikulieren, auch, um sich näher kennenzulernen.
3. Der Vorgesetzte muß dabei Distanz zulassen, zu gegenseitigem Vertrauen ermuntern und Erkundungssprozesse fördern.

2. Phase: Auseinandersetzung und Machtkampf

Kennzeichen: Ich-Denken steht im Vordergrund, und Beziehungen sind noch nicht stabil. Es wird eine Position im Beziehungsgefüge gesucht. Man erkämpft sich einen Platz in der entstehenden Rangordnung („Hackordnung"). Konkurrenzverhalten entsteht, und einzelne Rollen „bilden sich heraus".

Interventionsmöglichkeiten

1. Mitarbeiter müssen die Chance bekommen, ihre *Fähigkeiten und Stärken* zu zeigen.

2. Ein Sicherheit gebendes Umfeld muß geschaffen werden, in dem Rivalitäten deutlich werden und geklärt werden können.
3. Da viele *Gefühle* im Spiel sein können, darf der Vorgesetzte sich nicht zu tief in Konflikte hineinbegeben, weil er dadurch seine eigene Position gefährdet und das Opfer von Mitarbeiter-Mobbing werden kann.
4. Der Vorgesetzte kann in dieser Phase zum *Blitzableiter* für Gefühle und zum Sündenbock werden. Diese zeitlich begrenzten Angriffe gegen den Vorgesetzten können nicht als Mobbing-Handlungen bezeichnet werden, da sie nur temporär sind und im Laufe der weiteren Entwicklung der Gruppe wieder verschwinden.

3. Phase: Vertrautheit oder Wir-Gefühl

Verhalten der Mitarbeiter: Es entsteht eine starke Identifikation mit den Gruppenzielen und den erkämpften Rollen. Einzelne fühlen sich im Team nun sicher. Es hat sich ein „Wir-Gefühl" entwickelt. Diese Sicherheit führt zur Öffnung gegenüber den KollegInnen. Es entstehen gemeinsame Verhaltensnormen (Symbole, Teamsprache, Rituale usw.), die den Zusammenhalt im Team fördern.

Interventionsmöglichkeiten

1. Der Vorgesetzte sollte diesen Prozeß für alle verständlich machen, Konflikte im Sinne der Mobbing-Prävention im Ansatz erkennen und gemeinsam mit den Teammitgliedern beseitigen.
2. Verhaltensnormen werden von ihm akzeptiert. Wenn sie sich gegen die Arbeit in der Gruppe oder einzelne MitarbeiterInnen richten oder anderweitig problematisch werden können, muß er sie zur Diskussion stellen.
3. Aufgaben sind von ihm zu verteilen und Verantwortung schrittweise zu delegieren.
4. Die Gefahr besteht, vom „Wir-Gefühl" eingefangen zu werden. Potentielle Probleme sind darin zu sehen, daß Entwicklungen um die Gruppe herum nicht mehr wahrgenommen werden.

4. Phase: Differenzierung und Festigung

Verhalten der Mitarbeiter: Das Team oder die Arbeitsgruppe ist *„erwachsen"* geworden. Alle Kräfte sind frei, um zu planen und gemeinsam auf das Ziel hinarbeiten zu können. Die Gruppe befindet sich ihrer „goldenen" Phase. Die Mitarbeiter fühlen sich selbstsicher, stark und vergleichen sich mit anderen Teams. Es bildet sich das *Autostereotyp* (Team-Selbstbild) und das *Heterostereotyp* (Fremdbild anderer Teams) heraus. Dies birgt die Gefahr, Feindseligkeiten gegenüber „fremden" Gruppen oder einzelnen Mitarbeitern „anderer" Gruppen zu entwickeln.

Regel: Je größer die Distanz zu anderen Teams, desto enger ist der Zusammenhalt im eigenen Team und umgekehrt.

Interventionsmöglichkeiten

1. In dieser Phase kann sich der Vorgesetzte auf das Führen konzentrieren, die Prozesse beobachten und moderierend eingreifen.
2. Er muß die Zusammenarbeit mit anderen Teams in die Diskussion bringen, um gemeinsame übergreifende Ziele im Bewußtsein zu halten.
3. Er muß die Selbständigkeit des Teams fördern und Gelegenheiten aufzeigen, wie das Team nach außen handeln kann (vgl. *Wellhöfer*, 1993).

4.4.4 Wie verhalten sich die Opfer von Schikanen und Psychoterror?

Manchmal ist es für ein Mobbing-Opfer sinnvoll, sich nicht zu wehren, auch wenn dadurch die Gefahr noch größer wird, vor allem dann, wenn die Chance besteht, durch eine Zurschaustellung des eigenen Leidens allgemeine Anteilnahme zu erregen, mit dem Ziel, am Ende den Sieg über die Kontrahenten davonzutragen. Derartige Überlegungen erscheinen angesichts der Thematik eher konstruiert, sind allerdings gar nicht so abwegig. „Opfer" können auch Macht ausüben, direkt oder indirekt, können *aggressiv* sein oder durch ihre *Hilflosigkeit* Anteilnahme provozieren.

Wie bereits deutlich wurde, unterliegen Menschen, die Angriffen anderer am Arbeitsplatz ausgesetzt sind, starken psychosozialen Streßreizen. Personen, die diese Situationen meistern, verfügen über gute Streßbewältigungsmechanismen (Coping-Strategien). Jeder Mensch hat eine Vielzahl von „Coping-Strategien" und „Coping-Stilen" zur Verfügung. Diese sind insbesondere durch die Erziehung und frühere Erfahrungen bestimmt.

Im allgemeinen wird bei der Konfliktbewältigung das Bewältigungsverhalten in zwei große Bereiche eingeteilt, nämlich

– die passiven und
– die aktiven Strategien.

Bei der *passiven Strategie* versucht der oder die Betroffene den Konflikt dadurch zu bewältigen, daß er/sie die Hoffnung hegt, der Konflikt erledige sich von selbst.

Die zweite Methode, mit einem Konflikt umzugehen, besteht darin, selbst aktiv zur Konfliktlösung beizutragen.

Innerhalb dieser beiden Strategien kann eine Differenzierung dahingehend gemacht werden, daß die passiven Lösungsversuche in „Abwarten" bzw. die „Erwartung, andere lösen den Konflikt", eingeteilt werden. Unter „Abwarten" wird die Hoffnung verstanden, daß sich der Konflikt als Mißverständnis herausstellt und keine Handlung notwendig ist.

Bei der Erwartung, daß andere den Konflikt lösen, wird gehofft, daß folgendes geschieht:

– Die Gegenpartei wird von anderen durch Argumente überzeugt und der Konflikt durch Einsicht gelöst.
– Durch legitime „Spielzüge" wird der Gegner von anderen „außer Gefecht" gesetzt, z. B. durch den Vorgesetzten oder Betriebsrat.

112

– Der oder die Kontrahenten werden durch „Gewalt" von anderen „beseitigt", etwa durch Versetzung oder Entlassung.

Die *aktiven Strategien* lassen sich in die beiden Stränge „problemorientierte Konfliktbewältigung" und „individualistische Strategie" unterteilen.

Beim problemorientierten Vorgehen geht es den Betroffenen in erster Linie um die Diagnose und Analyse des Konflikts und in einem zweiten Schritt um die kooperative Lösung der Probleme, bei denen nach Möglichkeit alle Beteiligten „Gewinner" sein sollen.

Anders zeigt sich das Verhalten von Personen, die sich mit der „individualistischen Strategie" einem Problem nähern. Sie bevorzugen Lösungen, die möglichst vorteilhaft für sie sind. Dabei haben sie die Folgen für die Kontrahenten nicht im Blick, sondern möchten ihren eigenen „Nutzen" mehren. Dies kann nachfolgende individuelle Handlungen beinhalten:

– Man kooperiert und setzt kompromißbereit die eigenen Ziele durch;
– man nimmt Schaden für die andere Konfliktpartei in Kauf und geht aggressiv vor;
– man strebt Lösungen an, die den anderen „vernichten", auch wenn man selbst dabei Schaden nimmt.

Gleichwohl werden aktive Strategien von Mobbing-Opfern eher selten angewendet, obwohl sie am erfolgversprechendsten sind.

4.5 Geschlechtsspezifische Unterschiede

Nach *Leymann* werden Männer zu 75 % von ihren Geschlechtsgenossen gemobbt, zu 3 % von Frauen, und 21 % von beiden Geschlechtern. Mobbing-Handlungen gegen Frauen sollen sich wie folgt verteilen: 40 % durch Frauen, 30 % durch Männer und 30 % durch beiderlei Geschlecht.

Diese Zahlen sind einerseits durch den *Aufbau der Organisationen* zu erklären, in denen immer noch die Männer dominieren, zum anderen durch den Umstand, daß gerade im produzierenden Gewerbe Männer und Frauen häufig noch *getrennt* arbeiten. In diesem Zusammenhang ist es wichtig zu erkennen, daß die unterschiedlichen Zahlen der Statistiken nicht geschlechtsspezifisch, sondern rollenabhängig sind. Und längst ist in den einschlägigen Wissenschaften, die sich mit der Zusammenarbeit in Organisationen befassen, wie der Psychologie oder Soziologie, bekannt, daß Arbeitsgruppen und Teams besser funktionieren, wenn sie gemischt sind. Die Tendenz zur Schikane scheint in solchen Gruppen nicht sehr ausgeprägt.

Dennoch finden sich nach wie vor hartnäckige Vorurteile, z. B. gegenüber dem Verhalten von Frauen am Arbeitsplatz: dem permanenten „Miteinander-konkurrieren" und „Übereinander-klatschen". Dieses Verhalten begünstige auch systematische Feindseligkeiten gegenüber einzelnen. Eine Studie von *Namuth* (1993) zeigt, daß die Vorurteile nach wie vor sehr verfestigt sind. Zudem bekennen sich Frauen zum „Klatschen", was jedoch nicht heißt, daß dies Männer nicht genausogern tun. Insgesamt gesehen scheint es so, daß die Rollenklischees und Stereotype immer noch stark verbreitet sind. Statistischen Erkenntnissen über den Zusammenhang zwischen Mobbing, Bullying und Bossing und dem Geschlecht ist daher mit Vorsicht zu begegnen.

Kommt es aber doch „zur Treibjagd am Arbeitsplatz", so können *unterschiedliche Strategien* der Geschlechter ausgemacht werden.

Bevorzugte Methoden von mobbenden Frauen sind:

– Lächerlichmachen,
– Gerüchte verbreiten,
– Anspielungen machen,
– Fehler des Opfers aufbauschen,
– hinter dem Rücken des/der Betroffenen hetzen,
– offene Aussprache verweigern.

Männliche Strategien:

- Zynische Bemerkungen über Lebensstil und Privatsphäre machen,
- dem Opfer Qualifikationen absprechen,
- auf Schwächen herumreiten,
- mit Gewalt drohen,
- neue und sinnlose Arbeiten zuweisen.

Wie unterschiedlich die Strategien auch sind: letztendlich haben sie beide die gleiche Stoßrichtung, nämlich ein Opfer zu schikanieren.

5. Interventionsmöglichkeiten für Vorgesetzte

5.1 Von der Fürsorgepflicht des Vorgesetzten

In öffentlichen Verwaltungen, Banken und Großunternehmen wird das Problem des Psychoterrors am Arbeitsplatz meist tabuisiert oder nicht zur Kenntnis genommen. Vielfach werden die sichtbaren Folgen wie psychosomatische Erkrankungen, Leistungsminderungen und schwelende Konflikte als „normal" heruntergespielt. In vielen Fällen erhalten Führungskräfte anscheinend gar keine Kenntnis von Schikanen gegen Mitarbeiter. Als Verantwortliche für Mitarbeiter und deren Wohlbefinden und Arbeitszufriedenheit haben sie aber eine *Fürsorgepflicht*. Diese beinhaltet zum einen, daß sich Führungskräfte mit „offenen Augen und Ohren" in ihrem Verantwortungsbereich bewegen und damit als unbeteiligte Beobachter rechtzeitig Konflikte und Schikanen wahrnehmen. Zum anderen, daß sie bei Konflikten zwischen Mitarbeitern als Problemlöser, Vermittler oder Schiedsrichter zur Verfügung stehen. In einigen Fällen ist es auch ihre *Pflicht*, sich auf eine Seite zu stellen und andere in ihre Schranken zu verweisen. Dies ist insbesondere im Betriebsverfassungsgesetz geregelt. *Karl von Hase* (1991/92) schreibt dazu:

„Dies ergibt sich einmal aus der allgemeinen Fürsorgepflicht des Arbeitgebers und ihrer Konkretisierung in § 75 II BetrVG, der den Arbeitgeber verpflichtet, auf eine positive Gestaltung der Arbeitsbedingungen zur freien Persönlichkeitsentfaltung hinzuwirken, zum anderen aber auch aus § 75 I BetrVG, soweit er vorschreibt, darüber zu wachen, daß jeder Arbeitnehmer nach den Grundsätzen von Recht und Billigkeit behandelt wird."

Konkret beinhaltet dies, daß Führungskräfte vom Arbeitgeber darauf hingewiesen werden müssen,

116

- selbst Bossing zu unterlassen oder es zu verhindern und
- Mitarbeiterbeschwerden in angemessener Zeit nachzugehen, zu entscheiden und nötigenfalls Abhilfe zu schaffen. Ablehnungen von Beschwerden seitens des Vorgesetzten muß dieser begründen.

Dies setzt allerdings voraus, daß ein Vorgesetzter

- in der Lage ist, Konflikte und Schikane zu erkennen;
- diese versteht und weiß, was vorgeht;
- die Bedingungen sieht, die dem Konflikt oder der Schikane zugrunde liegen;
- über ethische Werte verfügt und sein eigenes Handeln kritisch überprüft.

Eine aktive Unterstützung schikanierter und terrorisierter Mitarbeiter kann allerdings nur von einer Führungskraft ausgehen, die feindliches Verhalten gegenüber einem Mitarbeiter nicht als lästig oder bedrohlich wahrnimmt.

5.1.1 Ohne Hilfe kann das Opfer Mobbing nicht bewältigen

Schikaneuren geht es selbstverständlich nicht darum, die eigentlichen Ursachen eines Konfliktes herauszufinden und Lösungen zu suchen bzw. ihr eigenes Verhalten zu rechtfertigen. Vielmehr versucht der Mobber i. d. R., dem anderen Schaden zuzufügen. Kooperation mit den Konfliktparteien funktioniert nur, wenn diese auch dazu bereit sind. Schließlich sind auch soziale und wirtschaftliche Faktoren Variablen, die das Bewältigungsrepertoire einschränken, aber auch erweitern können.

Es gibt ein Phänomen, das in der Psychologie *„erlernte Hilflosigkeit"* genannt wird (vgl. *Seligman*, 1975). Wer an ihr leidet, hat seinen Glauben an die Möglichkeit der eigenen Einflußnahme verloren, wird passiv und erkrankt schließlich. *Seligman* geht davon aus, daß *Angst* die Reaktion auf eine belastende Situation ist, daß aber an die Stelle der Angst eine

Depression treten kann, wenn eine Person zu der Überzeugung gelangt, daß sie keine Einfluß- oder Kontrollmöglichkeiten zur Verfügung hat. Ausgehend von Tierexperimenten, bei denen Hunde elektrischen Stromschlägen ausgesetzt wurden, ohne aus dem Käfig und damit den schmerzenden Reizen entrinnen zu können, und den langfristigen Folgen dieser Experimente, übertrug *Seligman* diese Ergebnisse auf die Situation von depressiven Menschen. Die Studien zeigten, daß die Hunde, nachdem sie *gelernt* hatten, daß alle Aktivitäten zur Vermeidung der Schmerzen sinnlos waren, auch dann in ihrer *Hilflosigkeit* verharrten und sich wimmernd auf den Boden kauerten, wenn die Abdeckung des Käfigs entfernt war und sie mit einem Satz aus dem Käfig springen konnten. Sie nahmen die Möglichkeit der Flucht gar nicht mehr wahr, da sie gelernt hatten, daß alles, was sie versuchten, erfolglos war.

Untersuchungen beim Menschen haben ähnliche Resultate erbracht, etwa bei unentrinnbarem Lärm oder unlösbaren Problemen. Diese Ergebnisse werden auch eindrucksvoll durch das Verhalten von *Kriegsgefangenen* und Personen bestätigt, die lange Jahre im *Gefängnis* verbrachten. Auch sie haben meist Symptome der gelernten Hilflosigkeit entwickelt und müssen erst wieder langsam an das normale Leben herangeführt werden. Daher ist eine Unterstützung von seiten des Vorgesetzten so besonders wichtig. Nur wenn das bereits hilflos gewordene Opfer entscheidende Hilfe bekommt, kann es Lösungen entwickeln, mit der Streßsituation, die durch Mobbing ausgelöst wurde, umzugehen. Führungskräfte, die ihre Fürsorgepflicht ernst nehmen, müssen daher die verschiedenen Eingriffsmöglichkeiten, die nachfolgend beschrieben werden, konsequent nutzen. Nur wenn Opfern vermittelt werden kann, daß sie bis zu einem gewissen Ausmaß Kontrollmöglichkeiten über ihr eigenes Verhalten und das des Täters haben, wird es eine effektive Intervention zugunsten der Betroffenen geben.

5.2 Der Vorgesetzte im Mobbing-Spannungsfeld

Führungskräfte haben in Organisationen einen besonderen Status. Häufig wird die These vertreten, sie seien die *„dritte Kraft"*, d. h., sie sind zum einen selbst abhängig beschäftigt, sind aber andererseits mit Arbeitgeberbefugnisssen ausgestattet. Aus letzteren lassen sich besondere Ansprüche ableiten wie die Forderung nach Vorherrschaft oder die Einnahme einer Vermittlerfunktion zwischen Konfliktparteien. Untersuchungen können das Selbstbild von Führungskräften nicht eindeutig festlegen. Einige Studien zeigen, daß Führungskräfte sich der Unternehmensleitung zugehörig fühlen, andere belegen, daß Führungskräfte sich eher den Arbeitnehmern verpflichtet fühlen. Eindeutig ist nur, daß sich Führungskräfte in einer „Zwitter- oder Sandwich-Position" befinden.

Dies führt häufig auch dazu, daß die „Einsamkeit" mit der höheren Hierarchiestufe zunimmt. Negative Begleiterscheinungen sind dabei, daß z. B. der Informationsfluß durch „Gate-keeper" reduziert wird oder einzelne Mitarbeiter Informationsverfälschung oder -vorenthaltung betreiben. Die Gründe dafür sind unterschiedlich. Einer ist sicher die bewußte Informationsmanipulation, um andere zu schädigen, vielfach aber auch Furcht vor Sanktionen. Das rechtzeitige Erkennen von Böswilligkeiten im Verantwortungsbereich einer Führungskraft ist daher nicht leicht.

Hinzu kommt, daß Führungskräfte strategisch mit ihren Mitarbeitern kommunizieren müssen, d. h. sie müssen planen, entscheiden, Weisungen geben und die Zusammenarbeit koordinieren. Damit haben Vorgesetzte Einfluß auf die Ziele, die Mittel und Wege, die Ressourcen und sozialen Beziehungen ihrer Mitarbeiter. Ungewollt können sie dadurch zur Ursache für Konflikte werden. Dies geschieht immer dann, wenn sie unzureichend informieren, die Arbeit chaotisch einteilen, sich gegenüber ihren Vorgesetzten nicht durchsetzen können oder bestimmte Mitarbeiter bevorzugen.

Führen bedeutet, gemeinsam mit den Mitarbeitern die gesteckten Ziele zu erreichen *(Lokomotion)*, für den Zusammenhalt des Arbeitsteams zu sorgen *(Kohäsion)* und Mitarbeiter zu fördern bzw. zu unterstützen *(Partizipation)*.

Alle drei Komponenten, Partizipation, Lokomotion und Kohäsion, können nach *L. v. Rosenstiel* (1995) wie folgt kombiniert werden (vgl. Abb. 9).

Zielerreichung
(Lokomotion)

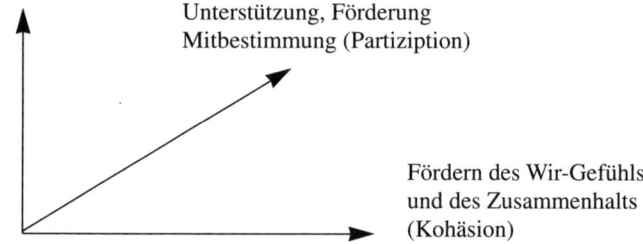

Unterstützung, Förderung
Mitbestimmung (Partiziption)

Fördern des Wir-Gefühls
und des Zusammenhalts
(Kohäsion)

Abb. 9: Typen des Führungsverhaltens in einem dreidimensionalen Modell

Damit ergibt sich ein *Spannungsfeld*, das einerseits durch die Eckpunkte „Erfüllung der Vorgesetztenaufgabe" und „Fürsorge für die Mitarbeiter" gekennzeichnet ist, andererseits dadurch, daß ein Vorgesetzter Vorgaben machen, Mitarbeiter einsetzen und die Arbeit koordinieren muß.

5.3 Die Rolle des Konfliktmanagers

Der Vorgesetzte kann bei der Lösung von Konflikten am Arbeitsplatz *verschiedene Rollen* einnehmen. Je nachdem, welche Einstellung er zur Thematik hat, wird er die Konfliktbewältigung beherzt oder zögerlich angehen. Konfliktmanagement wird für Führungskräfte künftig wichtiger werden, da die Notwendigkeit von Kooperation sowie das Selbstbe-

wußtsein von Mitarbeitern zunimmt (vgl. *Brinkmann*, 1994).
Einige Autoren (vgl. *Luthans* et al., 1985) gehen sogar davon
aus, daß das Konfliktmanagement durch den Vorgesetzten
„Führen" schlechthin heißt. Die Übernahme der Rolle des
Konfliktmanagers durch die Führungskraft bedeutet aber
nicht, daß er auch die Konflikte lösen muß, vielmehr besteht
diese Aufgabe darin, den *Problemlöseprozeß zu initiieren und
zu steuern.*

Es wird aber auch deutlich, daß viele Führungskräfte immer
noch stolz darauf sind, Konflikte nicht direkt mit den Betroffenen zu lösen, sondern sie zu meiden d. h., Konflikte zu
unterdrücken.

5.3.1 Konflikthandhabung durch die Führungskraft

Soziale Konflikte sind dann „gelöst", wenn sie nicht wieder-
kehren und keine Vorurteile der gegnerischen Partei gegenüber hinterlassen, wenn sie am Ausgangspunkt ihrer Entstehung, also im „Inneren" der beteiligten Personen, eine *end-
gültige und zufriedenstellende Verarbeitung* finden.

Grundsätzliche Konfliktlösungen, die einen Konflikt „mit
der Wurzel ausreißen", sind jedoch nur in wenigen Ausnah-
men möglich. Häufig wird daher von *Konflikthandhabung*
gesprochen, was bedeutet, daß eine Führungskraft Konflikte
bewußt zielorientiert angeht und deren Bewältigung steuert.
Intention ist dabei, die Kräfte, die den Konflikt speisen, bzw.
dessen konkreten Verlauf, neu zu gestalten. Die Konflikthandhabung durch den Vorgesetzten soll somit psychische
Spannungen, Streß sowie Gegensätze zwischen den Kon-
fliktbeteiligten abbauen und neue Ansätze zu einem Interessenausgleich ermöglichen. Natürlich sind die Kenntnisse der
Ursachen von Konflikten wichtig, aber *nicht hinreichend*, da
Konflikte und deren Begleiterscheinungen, wie beim Mobbing, *Prozeßcharakter* haben und dynamisch verlaufen. Mit
zunehmender Eskalation des Konflikts gerät die ursprüngli-
che Ursache für die Auseinandersetzung i. d. R. in den Hin-

tergrund. Dies zeigt sich gerade bei systematischen Gemeinheiten am Arbeitsplatz, bei denen das Opfer auch von KollegInnen, Vorgesetzten und anderen Personen drangsaliert wird, die u. U. überhaupt keinen direkten Kontakt zum Betroffenen haben. Besonders dringlich ist es daher für intervenierende Führungskräfte, den bisherigen Mobbing- bzw. Konfliktverlauf zu thematisieren und eine neue Grundlage für den Umgang miteinander zu schaffen.

Glasl (1980) verdeutlicht diese Zusammenhänge an einem besonders drastischen und eingängigen Beispiel aus der Medizin: Wenn wir uns vorstellen, daß ein kleines Kind an Lungenentzündung erkrankt ist, weil es im Winter in ein Schwimmbecken gefallen ist, dann ist die eigentliche Ursache bedeutungslos. Auch das nachträgliche Errichten eines Zaunes oder das Heizen des Wassers ist wirkungslos.

Gleichwohl darf eine reine Symptombehandlung nicht übersehen, daß ursachenbezogene Faktoren nicht vernachlässigt werden dürfen, denn die Ursachenkenntnis ermöglicht es einem Vorgesetzten, Einsichten für präventives Handeln zu sammeln.

Erfahrungen aus der Praxis zeigen jedoch, daß die *Wahrnehmung von Konflikten oder Mobbing* noch lange nicht eine entsprechende Handlungsbereitschaft nach sich zieht. Natürlich können Führungskräfte wahrgenommene Auswirkungen von Konflikten leugnen, sich bewußt neutral verhalten oder, wie im Falle des Bossing, selbst Partei werden und sich am Konflikt beteiligen.

Das Handhaben von Konflikten und Mobbing kann in Anlehnung an das „Verhaltensgitter" (Grid-Modell) von *Blake, Shepard* u. *Mouton* (1964) beschrieben werden. Dabei kann die „*Orientierung am Verhalten und den Zielen der Mobber"* von der „*Fürsorge für das Opfer bzw. den Mitarbeiter"* unterschieden werden. Bringt man diese beiden Dimensionen in ein Koordinatensystem, das den jeweiligen Grad der Verhaltensausprägung auf einer Skala von 1–9 darstellt, können verschiedene Handhabungsstile von Führungskräften unterschieden werden. Dabei ergeben sich folgende Kombinationen:

1/1 steht für die Führungskraft, die ausschließlich an ihrer Aufgabe interessiert ist und sich weder am Verhalten von Mobbern noch an den Auswirkungen für das Opfer orientiert. Dies bedeutet Desinteresse, Taktik und Verantwortungslosigkeit.

9/1 kennzeichnet das Verhalten der Führungskraft ausschließlich auf der Dimension „Fürsorge für das Opfer bzw. den Mitarbeiter". Ohne das Zustandekommen des Mobber-Verhaltens bzw. deren Ziele zu berücksichtigen, greift der Vorgesetzte offensiv ein.

1/9 ist typisch für Führungskräfte, die „Verständnis" für Peiniger aufbringen, die sich die Argumentation der Mobber zu eigen machen und die Schuld, daß es „soweit gekommen ist", beim Opfer suchen. Im ungünstigen Fall werden sie selbst zu „Terroristen" und betreiben Bossing.

9/9 bezeichnet eine Verhaltenstendenz, die versucht, Feindseligkeiten des Umfeldes in ihren Ursprüngen und Auswirkungen zu betrachten und eine Handhabung zu finden, die beiden Seiten „gerecht" wird. Diese „Gewinner-Gewinner-Strategie" würdigt allerdings die Ziele der Mobber und bagatellisiert u. U. deren Verhalten.

5/5 stellt den Kompromiß dar, den eine konflikthandhabende Führungskraft sucht, die davon ausgeht, daß beide Seiten Verantwortung für das Zustandekommen der Situation haben. Sie macht Abstriche an den Auswirkungen beim Opfer („So schlimm wird's nun auch wieder nicht sein!") und rechtfertigt ein Stück weit das Verhalten der Angreifer („Herr XY wird schon seine Gründe haben").

Graphisch wird dies in Abbildung 10 dargestellt.

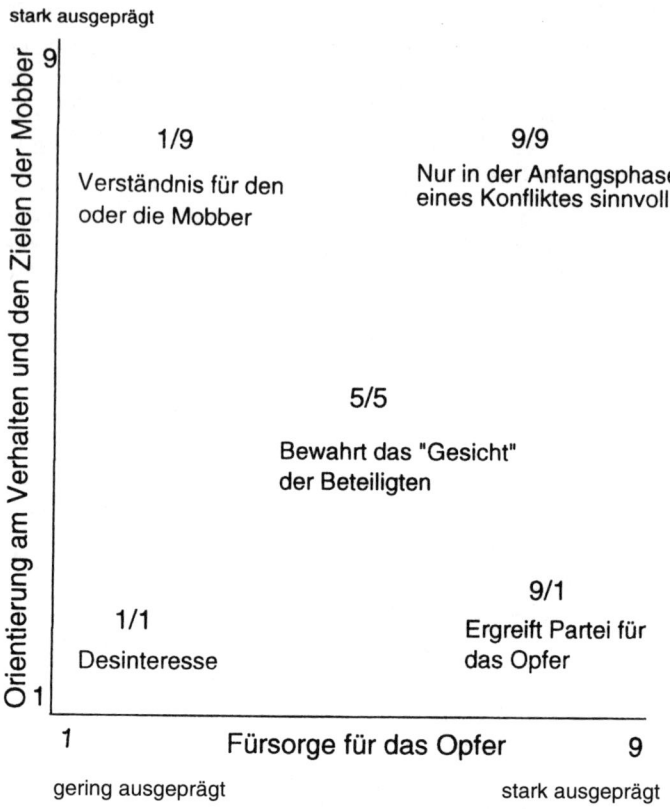

Abb. 10: Mobbing-Handhabungsstile

Der Handhabungsstil 1/1, also „Desinteresse am Mobbing-Geschehen", führt dazu, daß der oder die Schikaneure sich weiter ausleben können und das Opfer verstärkt leiden muß. Die Ursachen für das Nichthandeln der Führungskraft können vielfältig sein: mangelnde Wahrnehmung, Leugnen, Angst vor weiterer Eskalation, Taktik oder Kalkül.

Führungskräfte, die „Verständnis" für Handlungsweisen von Mobbern aufbringen, haben oft ein *Menschenbild,* das Mitarbeiter als „Menschenmaterial" begreift. Wer sich nicht durchsetzen kann, der ist selber schuld und ist es nicht wert, in der Firma zu arbeiten („Wo gehobelt wird, fallen Späne!"). Aggressiver Umgang mit KollegInnen wird verharmlost. Wenn es darum geht, Personal abzubauen, werden Argumente der Mobber sogar als willkommene Unterstützung gesehen.

Mobbing im Betrieb nach der „Gewinner-Gewinner-Strategie" anzugehen kann *nur in der Anfangsphase* eines Mobbing-Prozesses sinnvoll sein. Nur wenn es darum geht, Konfliktparteien sich annähern zu lassen, deren Interessen ins Spiel zu bringen und durch einen Interessenausgleich eine Konfliktbewältigung in Gang zu setzen. Auch bleibt bei dieser Strategie offen, ob es wirklich auf beiden Seiten „Gewinner" geben kann.

Ein *späterer Versuch,* den Mobbing-Prozeß, der vor über einem halben Jahr oder länger begonnen hat, nach dieser Strategie in den Griff zu bekommen, ist aus moralischen und ethischen Überlegungen heraus nicht zu vertreten.

Ähnlich verhält es sich mit dem Handlungsstil 5/5 im Sinne des „Gesichtwahrens" der Beteiligten.

Einzig akzeptabel ist der Stil 9/1, bei der sich die Führungskraft voll und ganz auf die Seite des Opfers stellt. Das offensive Angehen von Mobbing führt bei Vorgesetzten mit diesem Stil zu entsprechenden Handlungsweisen. Sie geben der Intrige und dem Psychoterror keine Chance.

Da beide Dimensionen Kontinuen darstellen, gibt es die unterschiedlichsten Ausprägungsgrade des Handelns von Führungskräften. So sind Handlungsstile 7/1 oder 6/3 denkbar, je nachdem, wie Vorgesetzte die konkrete Situation einschätzen.

Verhalten des Vorgesetzten, wenn eine Konfliktlösung noch möglich ist

Die Geister scheiden sich letztlich daran, welches der angemessene Interventionsstil im Anfangsstadium von Mobbing ist. Die eher humanistisch orientierten Fachleute beschreiten den *sanften Weg* der Auseinandersetzung und betonen die Wichtigkeit folgender Spielregeln:

- Angst und Abwehr bei den Konfliktparteien reduzieren;
- sie zu gemeinsamer öffentlicher Konfliktbearbeitung aktivieren;
- ein möglichst umfassendes Verständnis der Konfliktsituation schaffen: emotionale Hintergründe offenlegen und für einen Gleichstand an Information bei den Kontrahenten sorgen;
- gemeinsame Lösungssuche: Kooperationsbereitschaft schaffen und neu prüfen, wie weitere gemeinsame Arbeit vonstatten gehen kann.

Den oben geschilderten gruppendynamischen Ansätzen wird nicht ganz zu unrecht vorgeworfen, daß sie wichtige Zusammenhänge in Unternehmen ignorieren, z. B. den Einfluß von Machtkonstellationen oder vorhandene, nicht ausräumbare Zielkonflikte zwischen Unternehmen und Mitarbeiter.

Andere Modelle, etwa das „Macht-Modell", gehen von einem völlig anderen Menschenbild aus:

- Informationen, die an KollegInnen oder Vorgesetzte weitergegeben werden, dienen grundsätzlich einem bestimmten strategischen Zweck.
- Mitarbeiter schließen sich „in wechselnder Besetzung" zu Koalitionen zusammen. Diese Bündnisse haben immer etwas damit zu tun, wer die Macht hat, etwas zu veranlassen. Ein ständiges Konkurrieren um Macht ist unvermeidlich.
- Menschen suchen grundsätzlich ihren eigenen Nutzen. Manchmal müssen sie, um ans Ziel zu kommen, anderen zu Diensten sein. Vertrauen und Loyalität dienen also vor allem den eigenen, egoistischen Interessen.

Diese Sichtweise hat zur Folge, daß ein Vorgesetzter anstatt einer sanften Konfliktlösetechnik ein massives Auftreten vorziehen sollte, dessen Ziel es ist, den Mitarbeiter so zu stärken, daß er oder sie es wagen, sich mit den KollegInnen auseinanderzusetzen.

Mobbing aufdecken und stoppen

a) Wichtig ist es, alle beteiligten Personen zu identifizieren, die am Konflikt beteiligt sind, um zunächst eine Art „Auszeit" zu vereinbaren. Dazu ist es erforderlich, gemeinsame Gespräche wie auch Einzelgespräche mit den Konfliktparteien zu führen.

b) Weiter geht es auch darum, die Kraftressourcen des Opfers wieder aufzubauen, um möglichst ein Kräftegleichgewicht zwischen den Parteien herzustellen.

c) In der *Anfangsphase* eines Konfliktgeschehens ist die Neutralität des Vorgesetzten wichtig. Das bedeutet nicht, daß er die Attacken auf das Opfer gutheißt. Vielmehr läßt er die Schuldfrage bzgl. der Konfliktentstehung zunächst offen. Er stellt sich nicht auf die Seite des Gemobbten und schon gar nicht auf die des Mobbers, sondern vertritt vor allem die Interessen einer von allen Parteien akzeptierten Ziellösung (z. B. soll das Team seine Aufgaben wieder mit Engagement und Spaß an der Arbeit erledigen können).

Ein Verhandlungsmodell

Das im folgenden Abschnitt beschriebene Verhandlungsmodell eignet sich für Konfliktlösungen in verschiedenen Bereichen. Man kann es als Moderator in Teams sowie in Auseinandersetzungen zwischen Einzelpersonen anwenden. Grundlage ist eine konstruktive Haltung beider Konfliktpartner, vor allem zu Beginn von Konflikten, da dadurch Beschädigungen und Enttäuschungen der Kontrahenten vermieden werden können.

Die erforderlichen Grundhaltungen

- Die Parteien arbeiten auf gegenseitigen Nutzen hin.
- Die Ergebnisse werden auf Prinzipien beruhen, die fair sind.
- Die Verhandlungen werden hart in der Sache und weich gegen den Menschen geführt.
- Es wird nicht um Positionen (der Stärkere / der Gewinner etc.) gefeilscht.

Die wichtigsten Spielregeln

1. Atmosphäre schaffen. Schaffen Sie als Konfliktmanager eine gute Gesprächsatmosphäre. Versuchen Sie, die beiden Parteien zu „verstehen" und ihre Sichtweisen einzunehmen. Beachten Sie nonverbale Signale und Körperhaltungen. Sie verraten oft mehr als tausend Worte. Lassen Sie es zu, daß die Konfliktparteien ihr Gefühle zeigen können. Gestatten Sie auch, daß *Dampf abgelassen* wird.

2. Interessen in den Vordergrund rücken – nicht Positionen. Die Schlüsselfrage, die Sie Ihren Gesprächspartnern immer wieder anbieten sollten lautet: „ *Was bedeutet das für Sie?* ". Damit kommen Sie zu seinem Interesse. Unterschiedliche Interessen können sich, im Gegensatz zu verschiedenen Standpunkten, ergänzen. Die wichtigsten Interessen sind menschliche Grundbedürfnisse nach *Anerkennung, Selbstbestimmung, Sicherheit* und *Zugehörigkeit.* Sprechen Sie auch über Ihre Interessen als Führungskraft und Ihre Fürsorgepflicht den Mitarbeitern gegenüber. Eine gute Lösung ist allerdings nur dann in Sicht, wenn die Interessen beider Konfliktparteien zum Tragen kommen. Richten Sie gemeinsam den Blick nach vorne und reden sie weniger über die Vergangenheit. Lassen Sie beiden Parteien Hilfe zukommen, während Sie es zulassen, daß das Problem attackiert wird.

3. Entwickeln Sie Möglichkeiten zum allseitigen Vorteil.
Wenn klar ist, wer welche Interessen hat, werden zunächst alle Ideen gesammelt, die möglichst beiden Parteien gerecht werden (kreativer Prozeß). Während dieser Phase wird keine Idee bewertet. Es werden möglichst mehrere Wege erarbeitet, die sinnvoll sind. Eine Versteifung auf eine Lösung ist nicht ratsam. Finden sie Vorteile für beide Interessen. Welches ist das Hauptinteresse? Lassen sie sich gleichzeitig oder nacheinander befriedigen?

4. Neutrale Beurteilungskriterien finden. Gründen Sie die Konfliktlösung auf *sachgerechte*, möglichst *objektive Kriterien*, die alle akzeptieren können. Stellen Sie die gemeinsame Suche nach objektiven Beurteilungskriterien zur Lösungsbewertung in den Mittelpunkt. Einigen Sie sich auf jeden Fall zuerst über die Kriterien. Taucht derselbe Konflikt in einer etwas anderen Form später wieder auf, sollten Sie überlegen, ob die Beteiligten den Konflikt richtig diagnostiziert und analysiert haben.

5. Bauen Sie Vertrauen auf. Die Gespräche, die Sie während der Phase 1 geführt haben, konnten sicherlich bereits allen Beteiligten etwas Wind aus den Segeln nehmen. Jetzt geht es darum, die guten Vorsätze mit täglichen Handlungen zu dokumentieren. Das zerstörte Vertrauen zwischen den Parteien muß Schritt für Schritt wieder aufgebaut werden. Damit dies überhaupt möglich ist, muß jedem der Beteiligten klar werden, daß das nicht von heute auf morgen funktionieren kann. Wichtig ist der Konsens. Dies bedeutet, daß Sie alle echten Einwände der Parteien berücksichtigen müssen, bis eine Zielsetzung gefunden ist, die wirklich jeden zufriedenstellt.

6. Umsetzung der Lösung in praktikable Maßnahmen. Um der Lösung des Konfliktes näher zu kommen, ist es wichtig, ganz konkrete Maßnahmeschritte und Zeiträume zu vereinbaren. Jeder muß wissen, was bis wann von ihm erwartet und gefordert wird. Eine Rückmeldung über den Beitrag zur Konfliktlösung durch die einzelne Partei sollte regelmäßig durch den Vorgesetzten erfolgen. Dies ist am wirkungsvollsten im Rahmen einer Teambesprechung.

Was tun, wenn Ihr Bemühungen nichts genützt heben? Wenn Sie als Führungskraft trotz aller eigenen Bemühungen oder der Hilfe Dritter keine Lösung herbeiführen konnten, steht nur noch eine Konsequenz offen: Versetzung oder Kündigung der Mobbing-Parteien bzw. des Mobbers. Bevor man jedoch einen solch schwerwiegenden Schritt tut, sollte man sicher sein, daß es

- den/ die Richtigen trifft,
- für alle Beteiligten die beste Lösung ist,
- man selbst keinen Beitrag zu dem Mobbing-Prozeß geleistet hat.

5.3.2 Kommunikationspsychologische Aspekte

Besonders wichtig ist es für Führungskräfte, sich bei der Handhabung von Konflikten und Interventionen bei Mobbing am Arbeitsplatz zu vergegenwärtigen, daß der Mensch mit seiner Umwelt über die *Sprache und mit Körpersignalen* kommuniziert. Mit der Sprache versuchen wir, unsere *Gedanken* unseren Mitmenschen mitzuteilen. Die nichtsprachlichen Elemente dienen dazu, *Einstellungen, Motive* sowie *Gefühle* über Gestik, Mimik und Körperhaltung zu transportieren. Körpersprache wird jedoch meist eher unbewußt eingesetzt.

Grundlegende Kenntnisse kommunikativer Prozesse erlauben es dem Vorgesetzten, Mitarbeiterverhalten wirksamer auf das Vorliegen von Mobbing bzw. auf dessen Ursachen hin zu untersuchen und angemessen zu reagieren.

Das Kommunikationsmodell von Schulz von Thun

Nach *Schulz von Thun* (1991) hat jede Nachricht vier Aspekte:

- den *Tatsachenaspekt* oder die Sachinformation (Worüber wird informiert?)
- die *Ausdrucksfunktion* oder die Selbstoffenbarung (Was gibt der „Sender" von sich selbst kund?)
- den *Lenkungsaspekt* oder Appell (Wozu soll der „Empfänger" veranlaßt werden?)
- den *Kontakt- oder Beziehungsaspekt* (Was hält der „Sender" von der Person des „Empfängers", und wie stehen beide zueinander?).

Der besseren Einprägung wegen werden die Anfangsbuchstaben des Tatsachenaspektes (T), der Ausdrucksfunktion (A), des Lenkungsaspektes (L) und des Kontaktes (K) zum „Schlüsselwort" TALK zusammmengefaßt (vgl. Abb. 11).

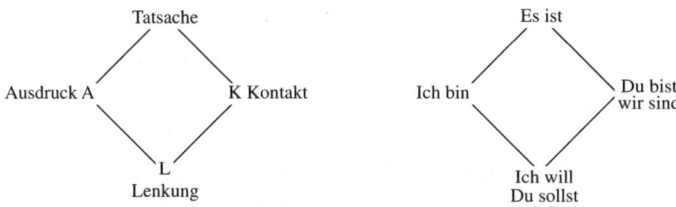

Abb. 11: Das Talk-Modell (aus: *Neuberger*, 1984)

Alle *vier Ebenen* sind in einer Nachricht immer miteinander verwoben, wenn auch mit unterschiedlicher Gewichtung. So teilt jeder Mensch im Gespräch neben den Sachinformationen (T) auch einiges über *sich selbst* mit (A). Er versucht aber auch, auf den Gesprächspartner *Einfluß auszuüben* (L) und drückt die *Art der Beziehung* zu ihm aus (K). Dies gilt selbstverständlich auch umgekehrt und grundsätzlich für alle Kommunikationsprozesse. Die Führungskraft muß die Verwobenheit der vier Aspekte kennen und einzelne Ebenen bewußt wahrnehmen, um sie nutzbringend zu beeinflussen.

Mißverständnisse, Verstimmungen und Konflikte treten meist dann auf, wenn der Sender nur eine der vier Seiten der Kommunikation beherrscht (z. B. den Tatsachenaspekt ohne Berücksichtigung der Beziehung) oder der Empfänger nur eine Kommunikationsebene (z. B. die Beziehung) auswertet. Die Schwierigkeit der Gesprächsführung liegt darin, daß beide Gesprächspartner die verschiedenen Seiten, die immer gesendet werden, erkennen und aufeinander abstimmen müssen. Dies geschieht i. d. R. dadurch, daß Sender und Empfänger in ihren wechselnden Rollen durch Rückmeldung (Feedback) darlegen, wie die Nachricht bei ihnen angekommen ist.

Der *Beziehungsaspekt* wirkt sich auf eine Kommunikation immer positiv oder negativ aus, da der Beziehungs- mit dem *Sachaspekt* untrennbar verbunden ist. An folgendem Beispiel soll dies verdeutlicht werden.

Der Kassierer einer kleinen Bankfiliale sagt zu seinem Kollegen: *„Der Schlüssel für die Kassenbox liegt schon wieder nicht an seinem Platz!"*

1. Tatsachenaspekt (Sachinformation). Auf der Sach- oder Tatsachenebene beschreibt der Satz den Umstand, daß der Schlüssel für den Kassierer nicht auffindbar ist.

2. Ausdrucksfunktion (Selbstoffenbarung). Auf dieser Ebene könnte die Botschaft heißen: *„Ich bin über dich verärgert!"* Diese Interpretation ist stark von Gestik, Mimik und Tonfall abhängig (Kontext).

3. Lenkungsaspekt (Appell). *„Suche sofort den Schlüssel!"* könnte auf dieser Ebene vom Kollegen verstanden werden.

4. Kontaktaspekt (Beziehungsebene). Der Gesprächspartner könnte hier heraushören: *„Du bist schlampig!"*

Die Analyse dieses Satzes ist zum einen ein Beispiel für die vier Aspekte der zwischenmenschlichen Kommunikation, die eine Führungskraft zu berücksichtigen hat, gleichzeitig aber auch ein Muster für die Entstehung von Konflikten. Als Folge davon können bewußte Böswilligkeiten auftreten.

Nehmen wir an, der Kollege hört ausschließlich auf dem „Beziehungsohr" und damit, daß er „schlampig" sei. Er hat nun zwei Möglichkeiten:

a) Er kontert diese subjektive Wahrnehmung und verbittet sich derartige Anspielungen. Hier hätte der Kassierer die Chance, das Gehörte ins „rechte Licht" zu rücken und sich für das Mißverständnis zu entschuldigen („So habe ich das nicht gemeint, wie es bei Ihnen angekommen ist"). Empfindet der Kassierer seine unterschwellige „Mitteilung" an den Kollegen jedoch als gerechtfertigt, wird sich u. U. ein konfliktreicher Dialog anschließen, der eskalieren kann.

b) Der Kollege „schluckt" den Ärger und berichtet nicht über seine Empfindungen, schwört sich aber, „es dem Kerl heimzuzahlen".

Im ersten Fall kann der eskalierende Konflikt, im zweiten das „Kleben von Rabattmarken", die irgendwann einmal eingelöst werden, zu Anfeindungen führen.

Wie eine „Nachricht" beim Empfänger ankommt, hängt selbstverständlich von dessen Persönlichkeit ab. Ist er selbst unsicher und versucht er permanent, über die *Interpretation* seiner Wahrnehmung des Verhaltens anderer herauszufinden, wie er gesehen wird (Beziehungsaspekt), oder handelt es sich um eine Person, die ausschließlich am *Faktum der Aussage* (Tatsachenaspekt) oder einer *anderen Ebene* (Ausdruck, Lenkung) interessiert ist? Insofern ist der Unterschied zwischen gemeinter und verstandener Nachricht besonders wichtig.

Um „Mißverständnisse" und „Hörfehler" zu vermeiden, gilt es, einige Grundregeln zu beherzigen. Sie sind einmal für eine Führungskraft im Sinne seiner Rolle als Coach seiner Mitarbeiter wichtig, indem er vorbeugend durch Darstellung der verschiedenen Ebenen der Kommunikation auf die Notwendigkeit des „Miteinander-redens" aufmerksam macht. Andererseits sind sie auch für sein konkretes Konfliktmanagement von nicht zu unterschätzender Bedeutung, indem er die vier Aspekte des TALK-Modells beeinflußt.

Beeinflussung des Tatsachenaspekts (T)

Zur Förderung von Sachlichkeit in einem Gespräch bietet sich ein stufenweises Vorgehen an:

- Zunächst ist das Problem zu benennen,
- danach sind Bedingungen für eine Zielerreichung zu formulieren und
- Lösungsalternativen zu entwickeln.
- Diese sind zu bewerten und im letzten Schritt
- die sinnvollste auszuwählen.

Dazu gehört auch das *verständliche Reden*. Deshalb:

- Bleiben Sie sachlich.
  Stellen Sie die Sache in den Mittelpunkt des Gesprächs und nicht sich oder die eigenen Interessen.
- Reden Sie verständlich.
  Benutzen sie die vier „Verständlichmacher", damit sie von Ihrem Gesprächspartner leichter verstanden werden und er ihren Gedanken folgen kann.
- Verwenden Sie
  - einfache und kurze Sätze;
  - benutzen Sie keine Fremdwörter bzw. erklären Sie diese;
  - lassen Sie einen „roten Faden" im Gespräch erkennen;
  - vermeiden Sie Weitschweifigkeit;
  - regen Sie den Gesprächspartner durch Bilder, Metaphern und Vergleiche an.

Nach *Schulz von Thun* (1981) bietet sich als Vorbeugung für das Abschweifen in Nebensächlichkeiten oder Auseinandersetzungen an, folgende Strategien zu befolgen:

1. Strategie: „Das gehört nicht hierher!". Hierbei wird neben einem Appell zur Thementreue und Disziplin auch versucht, abschweifende Bemerkungen durch das Zusammenfassen des aktuellen Standes der Problemlösung zu verringern. Dies kann auch durch Visualisieren an der Tafel, dem Flipchart usw. geschehen, was nicht zuletzt auch zu einem besseren Verständnis der Beiträge führt.

134

2. Strategie: „Störungen haben Vorrang". Diese von *Ruth Cohn* stammende Methode aus der *Themenzentrierten Interaktion (TZI)* versucht, Störungen aufzunehmen, vorrangig zu behandeln und zu thematisieren.

Förderung des Ausdrucks-Aspekts (A)

Bei der Intervention durch die Führungskraft im Falle von Mobbing hat der Ausdrucks- oder Selbstoffenbarungsaspekt eine besondere Bedeutung. Zum einen ist diese Facette des TALK-Modells häufig Ursache für Konflikte, zum anderen eröffnet die bewußte Handhabung dieses Aspektes die Chance für eine Führungskraft, mit Konflikten und damit den Ursachen für Böswilligkeiten besser umzugehen.

Die Selbst*offenbarung* wird in der betrieblichen Kommunikation sehr stark durch die Selbst*darstellung* ergänzt, d. h., die eigene Person wird durch bewußte und gezielte Verhaltensweisen in den Mittelpunkt der Kommunikation gerückt. Die Selbstoffenbarung dient dazu, das Innere, die Gefühle, Gedanken und die subjektive Wahrnehmung nach außen darzustellen. Sie ist für ein Gespräch damit sehr förderlich.

Die Selbstdarstellung versucht, Fassaden aufzubauen, um in der betrieblichen Mikropolitik, also im Spiel um die Macht, nicht zu verlieren. So möchte beispielsweise der überforderte Abteilungsleiter, der von seinen Mitarbeitern nicht „für voll genommen" wird, von ihnen mit mehr Respekt behandelt werden. Er muß sie also dazu bringen, ihn anders einzustufen. Daher verhält er sich so, daß er ihnen durch das Hervorkehren seiner hierarchischen Position, durch dominante Verhaltensweisen oder die Betonung seiner „Leistungen" oder längst vergangener Erfolge Respekt abnötigt.

Zwei Techniken sind im Zusammenhang mit der Selbstdarstellung zu nennen:

1. Die Fassadentechniken. Sie zielen darauf ab, Anteile der Persönlichkeit, die als negativ bewertet werden, zu verstecken oder zu kaschieren.

2. *Die Imponiertechniken.* Hier wird versucht, sich von der „Schokoladenseite" zu zeigen, sich darzustellen, wichtig zu machen, Verdienste in den Vordergrund zu rücken.

Die Forderung von *Rogers* (1985): „*Sei echt und authentisch!*" im Kontext mit kommunikativem Verhalten ist sehr hilfreich, wenn eine offene und vertrauensvolle Atmosphäre besteht oder geschaffen werden soll, also etwa dann, wenn eine Führungskraft gemeinsam mit den an einer Lösung interessierten betroffenen Parteien einen bestehenden Konflikt lösen möchte. Sie führt in der Folge zu mehr Glaubwürdigkeit der Agierenden.

Andererseits ist im Zusammenhang mit der Intervention bei Schikanen und Böswilligkeiten gegenüber einzelnen festzuhalten, daß Kommunikation in einer Organisation immer durch die Strukturen und die Kultur des Unternehmens geprägt ist. Im Sinne der gegenseitigen Abhängigkeit bei den Arbeitsprozessen sind auch die Kontakte der Arbeitnehmer untereinander meist nicht frei wählbar. Daher handeln viele Mitarbeiter pragmatisch nach dem Motto: „*Wer immer offen ist, ist nicht dicht!*" Diese Angst, sich selbst zu offenbaren, ist ein zentraler Punkt für Konflikte in Organisationen. Sie wird häufig als „Friedhöflichkeit" bezeichnet und ist die Unsicherheit, offen auf andere zuzugehen, Ärger rückzumelden, Gefühle der Gesprächspartner aufzugreifen oder Wünsche zu äußern. Damit wird verhindert, daß Spannungen aufgegriffen werden, was u. U. die Tendenz zur Selbstdarstellung verstärkt.

Den Ausdrucks- oder Selbstoffenbarungsaspekt kann jede Führungskraft dadurch fördern, daß sie in kommunikativer Hinsicht Vorbild wird und Mitarbeiter dadurch ihre Angst überwinden, sich selbst zu öffnen. Dies wirkt sich nachhaltig positiv auf den Umgang miteinander und mit Konflikten aus.

Einige Gesprächstechniken, die den Prozeß der Selbstoffenbarung unterstützen:

- *Senden Sie Ich-Botschaften.* Sie sind glaubwürdiger, wenn Sie Gefühle, Einstellungen und Überzeugungen als Ich-Botschaften formulieren und sich nicht hinter einem „man" verstecken. Nach *Gordon* (1982) müssen Ich-Botschaften immer drei Elemente beinhalten, um effektiv zu sein. (1) eine kurze Beschreibung des nichtakzeptablen Verhaltens des Gesprächspartners, (2) Ihre ehrlichen Gefühle und (3) die greifbare und konkrete Wirkung des Verhaltens Ihres Gegenübers auf Sie (die Konsequenzen).

- *Seien Sie Ihr „eigener Vorsitzender".* Diese Forderung bedeutet, sich nicht zu stark von Selbstdarstellungs- und Selbstoffenbarungstendenzen leiten zu lassen.

- *Störungen haben Vorrang.* Diese von *Ruth Cohn* (1979) eingeführte Forderung aus der TZI findet ihren Niederschlag darin, daß Sie, wenn Sie das Empfinden haben, Ihr Gesprächspartner ist bereits weiter als Sie, dies als „Störung" des Gesprächsverlaufs deutlich machen. Dadurch wird das Gespräch nicht ineffektiver, sondern sogar lebendiger und engagierter.

Einwirken auf den Lenkungsaspekt (L)

Da Kommunikation und Handlung nicht voneinander zu trennen sind, ist der Lenkungsaspekt oder Appell von besonderer Bedeutung. Der Appell an den Gesprächspartner kann aus zwei Quellen gespeist sein: Erstens soll das Gegenüber veranlaßt werden, aus eigenem Antrieb ein bestimmtes Verhalten zu zeigen. Zweitens kann die direkte Verhaltensbeinflußung über Mittel der Macht erfolgen, z. B. durch Anweisung eines Vorgesetzten. Diese Möglichkeit beinhaltet natürlich immer auch die Manipulation. So kann mittels *Experten- oder Informationsmacht* „Überzeugungsarbeit" geleistet werden. Menschen tun dann Dinge aus bestem Wissen und Gewissen, weil sie über einen begrenzten Informationsstand verfügen oder einer „Expertenmeinung" glauben müssen.

Probleme ergeben sich bei der Lenkung im Sinne der Entstehung von Konflikten immer dann, wenn der Appell in einem Wust von Ausführungen „versteckt" bleibt. Diese sogenannten „Gesprächsklippen" machen es dem Empfänger schwer zu erkennen, welche Absicht der Sprecher verfolgt. Mißverständnisse sind damit vorprogrammiert. Sender gehen davon aus, daß ihre „Botschaft" angekommen ist und verstanden wurde. Sie ärgern sich u. U. nach einiger Zeit, daß das Vereinbarte nicht ausgeführt wurde, weil der Zuhörer es offensichtlich doch nicht verstanden hat. Oder Nachrichten werden mißverstanden, weil der Sprecher das Bezugssystem seines Gesprächspartners nicht berücksichtigt hat. So versteht ein Bankmitarbeiter unter dem Begriff „Kondition" etwas anderes als ein Sportlehrer. Ersterer denkt sofort an das Zinsniveau, zu dem Kredite angeboten oder Geld angelegt wird. Letzterer versteht darunter die körperliche Verfassung und den Leistungsstand eines Organismus. Dererlei unterschiedliche Bedeutungsinhalte, nicht nur von Begriffen, sondern auch von Verhaltensweisen, wenn man an die unterschiedlichen Regeln und Normen in den verschiedenen Kulturen denkt, können zu Mißverständnissen führen, die eskalieren und in Böswilligkeiten umschlagen.

Der *aktive Teil* dieser Facette im Kommunikationsprozeß betrifft das Verhalten eines schlichtenden Vorgesetzten. Die Führungskraft muß sich stets bewußt sein, daß sie im Gespräch immer Konsens über das gemeinsame Verständnis von Begriffen, Handlungs- oder Vorgehensweisen herbeiführen muß. Nur dann wird verständlich, was die Beteiligten tun oder unterlassen sollen.

Wenngleich das Wissen um den Lenkungsaspekt ein taugliches Mittel für eine Führungskraft ist, mögliche Ursachen für Konflikte zu analysieren, die auf Mißverständnissen beruhen, bzw. sein eigenes kommunikatives Verhalten entsprechend auszurichten, so ist es ein nicht sehr effizientes Instrument, wenn tiefgreifende Veränderungen bei einem Adressaten beabsichtigt sind. Denn Ängste, Vorurteile, Antipathien

u. a. m. sind durch reine Appelle nicht zu beeinflussen. Ratschläge, gut gemeinte Hinweise und Empfehlungen verfehlen in dieser Situation ihre Wirkung.

Der Kontakt- oder Beziehungsaspekt

Inhalt oder Tatsache einer Nachricht wird immer durch den Beziehungsaspekt gedeutet, d. h. wesentliche Informationen werden über die nichtverbalen Informationskanäle vermittelt. Dies beinhaltet auch die Einstellungen zum Gesprächspartner. Erkennbar sind die Merkmale der Beziehung am Tonfall, an Gestik und Mimik, Haltung des Körpers, Blickkontakt und -richtung sowie der eingenommenen räumlichen Distanz.

Watzlawick et al. (1980) unterscheiden zwischen *komplementären und symmetrischen Kommunikationsbeziehungen.* Komplementäre Beziehungen zeichnen sich dadurch aus, daß die beteiligten Personen in unterschiedlichen, aber sich ergänzenden Positionen innerhalb der Organisation stehen. Dies gilt beispielsweise für die Rollen von Vorgesetzten und Mitarbeitern. Diese Positionen sind mit unterschiedlicher Machtfülle ausgestattet und dadurch gekennzeichnet, daß die Betroffenen sie freiwillig einnehmen. Diese Positionen bedingen sich gegenseitig und beinhalten bestimmte Erwartungen an die jeweilige Rolle. Deshalb sind sie als komplementäre Beziehungen nicht unproblematisch. Wird die Rollenverteilung nicht akzeptiert, beispielsweise nach dem Motto: „Wenn der nicht mein Chef wäre, würde ich mir von dem nicht einmal eine Suppe kochen lassen!", ist der Keim für Konflikte gelegt.

Symmetrische Beziehungen sind ihrerseits auf Gleichheit aufgebaut und besitzen kein hierachisches Gefälle, etwa bei der Teamarbeit. Komplementäre Beziehungen sind grundsätzlich störanfälliger als symmetrische.

Ob eine Kommunikation auf der Kontakt- bzw. Beziehungsebene erfolgreich ist oder nicht, hängt sehr stark von der „Chemie" zwischen den Gesprächspartnern ab. Diese wiederum ist ein Produkt vorausgegangener Kommmuniktions-prozesse. *Schulz von Thun* sieht vor allem zwei Verhaltens-weisen als kennzeichnend für die Kontaktebene an: die *Bevormundung und Herabsetzung* sowie die *Selbstbestimmung und Wertschätzung*. Primär wird der Beziehungsaspekt durch Signale mit machtorientiertem Charakter bestimmt, also Elementen der Geringschätzung und Bevormundung, durch die es zu folgenden Symptomen kommen kann:

– *Emotionale Reaktionen:* Aggression, verbale Zurückweisungen, abweisende Körperhaltungen, Ärgerlichkeit.
– *Gesprächsblockaden:* Nichtreagieren auf Appelle, ignorieren und überhören der Mitteilung.

Da sich Störungen der Beziehungsebene in ihren Ursachen und Wirkungen sehr schlecht einschätzen lassen, weil sie zeitlich oft auseinanderliegen, ergeben sich für die Diagnose und die Intervention von seiten einer Führungskraft Probleme. Einmal deshalb, weil Konflikte, die ursächlich auf der Beziehungsebene begründet sind, nicht auf dieser angesprochen werden, sondern i. d. R. Sachargumente vorgeschoben werden. Und weil es meist nicht nur eine Information ist, die vom Empfänger mit dem „Kontaktohr" aufgenommen wird, sondern mehrere in zeitlicher Abfolge, bildet sich ähnlich einem Puzzle ein Bild des anderen und dessen Sicht der Beziehung. Insofern haben Störungen der Beziehungsebene meist *evolutionären Charakter*. Besonders gefährlich sind diese Entwicklungsprozesse dann – etwa im Falle von Mobbing –, wenn die Sichtweise des Senders in die Selbstwahrnehmung aufgenommen wird. Hält der Gesprächspartner nicht viel vom anderen und macht er dies bei jeder Interaktion deutlich, passen wenig gefestigte Personen ihr Selbstbild dem Fremdbild an (sich selbst erfüllende Prophezeihung).

Wesentlich für eine Gesprächsführung der Führungskraft mit Betroffenen von Kollegenterror ist im Kontext mit dieser Kommunikationsfacette die *Wertschätzung* und die Frage der *Beeinflussung*. Wertschätzung äußert sich darin, daß dem Gesprächspartner mit Achtung, Wohlwollen und Respekt begegnet wird. Dies kann auch in harten Auseinandersetzungen geschehen und bedeutet nicht, sein Gegenüber zu schonen. Vielmehr verhindert es Geringschätzung und damit eine negative Auswirkung auf das Gespräch, etwa in Form einer Gesprächsblockade.

Man sollte die Selbstbestimmung des Gegenübers nicht einschränken und ihm Vorschriften machen, wenngleich im Falle von Schikanen und Böswilligkeiten eine Führungskraft dieses Gebot überschreiten muß.

Über die Aspekte der Sach- und Beziehungsebene hinaus spielt natürlich die jeweilige Persönlichkeit der handelnden Menschen eine große Rolle. Nichtrationale Handlungen oder Kalkül sind in ihr begründet und haben großen Einfluß auf den zwischenmenschlichen Bereich. Die *Transaktionsanalyse* hat den Zusammenhang zwischen Kommunikation und Persönlichkeit sehr genau herausgearbeitet und gibt Anregungen für den bewußteren Umgang mit sich selbst und anderen.

5.3.3 Transaktionsanalyse und Mobbing

Die *Transaktionsanalyse* (TA) ist ein von *Berne* (1975) entwickeltes Verfahren, die Kommunikationsvorgänge zwischen Menschen, die sogenannten „Transaktionen", zu analysieren. Als Methode der humanistischen Psychologie kann die Transaktionsanalyse für den Vorgesetzten ein wichtiges Hilfsmittel sein, um Handlungen von Mitarbeitern als Psychoterror zu identifizieren und Gegenmaßnahmen einzuleiten.

Ich-Zustände. Berne nimmt in Anlehnung an *Freud* eine Teilung der Persönlichkeit in drei *Ich-Zustände* vor, die jeweils das Verhalten bzw. die Eigenschaften des Menschen bestimmen. Immer wenn Menschen miteinander kommunizieren, sind diese „Ich-Zustände" beteiligt. Das „Eltern-Ich", das „Erwachsenen-Ich" und das „Kind-Ich". Für die Mobbing-Diagnose durch den Vorgesetzten ist von Bedeutung zu wissen, welche Art des Miteinanders zwischen den Beteiligten vorherrscht und welcher dieser drei Persönlichkeitsbereiche in Einzeltransaktionen zwischen ihm und den hilfesuchenden Mitarbeitern im Vordergrund steht.

Eltern-Ich (EL). Das *Eltern-Ich* beinhaltet Einstellungen, Tabus, Gruppen- und Gesellschaftsnormen, Gebote und Verbote, also Verhaltensweisen, die *ungeprüft* von den Eltern übernommen wurden. Im Verhalten zeigt sich das Eltern-Ich z. B. in korrigierendem und belehrendem Handeln. Es ist aktiv, wenn getadelt oder bestraft wird. Es kann aber auch fürsorglich gegenüber anderen sein, was sich in beschützenden und betreuenden Verhaltensweisen zeigt. Diese beiden Komponenten werden als *kritisches und unterstützendes Eltern-Ich* bezeichnet (vgl. Abb. 12).

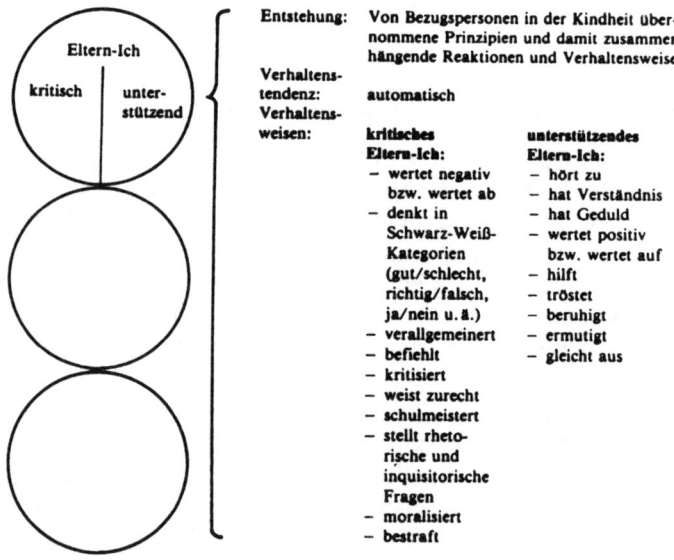

Abb. 12: Kennzeichen des Eltern-Ich (Quelle: *Rüttinger*, 1992)

142

Beispiel für Äußerungen aus dem *kritischen Eltern-Ich:*

„Ich werde dafür sorgen, daß Sie die längste Zeit unser Kollege waren!"

Beispiel für eine *unterstützende Äußerung:*

„Ich werde versuchen, die Kollegen dafür zu gewinnen, Sie bei dieser Arbeit zu entlasten".

Begleitet werden diese Äußerungen oft von entsprechender Gestik, Mimik und Schwankungen der Stimmlage. Beim kritischen Eltern-Ich beispielsweise durch einen erhobenen Zeigefinger, Kopfschütteln oder eine laute Stimme.

Aussagen von Vorgesetzten oder KollegInnen, die dem Eltern-Ich zuzuordnen sind, können dem Grundprogramm *„Ich bin o. k. – Du bist nicht o. k.!"* zugeordnet werden.

Erwachsenen-Ich (ER). Die Bezeichnung „Erwachsenen-Ich" ist unabhängig vom Alter einer Person zu verstehen und steht eher als Synonym für Rationalität, sachlich-realitätsbezogenes Denken sowie Problemlösen. Das ER sammelt Daten und Informationen und verrechnet sie ähnlich einem Computer. Das „Erwachsenen-Ich" ist die vermittelnde Instanz zwischen dem „Eltern-Ich" und dem noch zu beschreibenden „Kind-Ich" (KI). Gegenüber dem EL hat es die Aufgabe, dort abgelegte Normen daraufhin zu überprüfen, ob diese für eine Verhaltensregulation noch sinnvoll sind (vgl. Abb. 13).

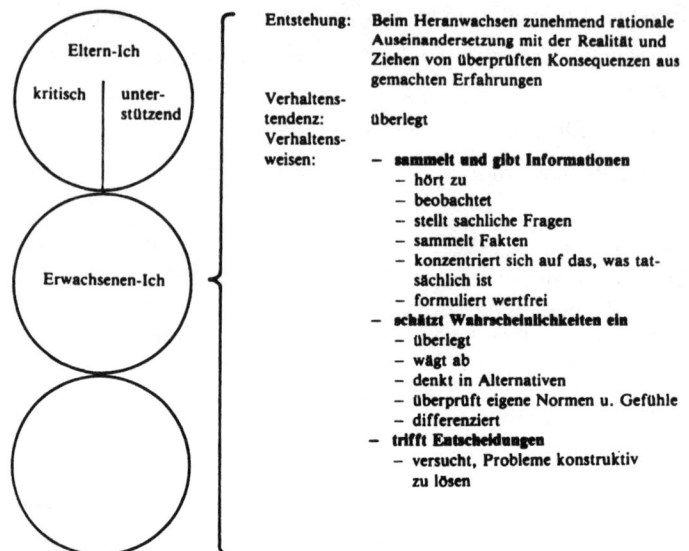

Entstehung:	Beim Heranwachsen zunehmend rationale Auseinandersetzung mit der Realität und Ziehen von überprüften Konsequenzen aus gemachten Erfahrungen
Verhaltens-tendenz:	überlegt
Verhaltens-weisen:	

- **sammelt und gibt Informationen**
  - hört zu
  - beobachtet
  - stellt sachliche Fragen
  - sammelt Fakten
  - konzentriert sich auf das, was tatsächlich ist
  - formuliert wertfrei
- **schätzt Wahrscheinlichkeiten ein**
  - überlegt
  - wägt ab
  - denkt in Alternativen
  - überprüft eigene Normen u. Gefühle
  - differenziert
- **trifft Entscheidungen**
  - versucht, Probleme konstruktiv zu lösen

Abb. 13: Kennzeichen des Erwachsenen-Ich (Quelle: *Rüttinger,* (1992)

Das ER stellt vor allem die offenen W-Fragen: *wie, warum, wer, was, wo* usw.? In nichtsprachlichen Signalen drückt sich das ER z. B. durch ausgeglichene Bewegungen des Körpers aus.

Beispiel für eine Äußerung aus dem ER:

„Weshalb hat es beim Auftrag für die Firma XYZ Schwierigkeiten gegeben?"

Kind-Ich (KI). Im Kind-Ich finden sich unsere *Wünsche, Bedürfnisse und Gefühle,* die u. a. durch sehr frühe Kindheitserfahrungen geprägt sind. Es äußert sich i. d. R. in Verhaltensweisen, die bei Kindern zu beobachten sind, beispielsweise in Trotz, Einengung und Angst, aber auch durch Spontanität, Begeisterung und Kreativität. Kinder reagieren be-

144

kanntermaßen natürlich, angepaßt oder intuitiv. Daher unterscheidet man in der Transaktionsanalyse drei Ausdrucksformen:

- Das *natürliche Kind-Ich* mit seinen Gefühlen, Affekten und Impulsen, die sich unzensiert und unkontrolliert äußern.
- Das *angepaßte Kind-Ich*, das versucht, sich möglichst unauffällig zu verhalten und das zu tun, was andere wünschen. Dieser Bereich des Kind-Ich ist eher passiv.
- Als *„kleinen Professor"* bezeichnet man den Anteil des Kind-Ich, der mit Pfiffigkeit umschrieben werden kann. Dieser Teil ist für das schlagartige, intuitive Begreifen verantwortlich. Hierin sind auch Verhaltensweisen von Kindern begründet, die durch viel Kreativität ihre Eltern manipulieren (vgl. Abb. 14).

Am Verhalten ist das Kind-Ich gleichfalls zu erkennen, etwa das *angepaßte Kind*, das sich durch einen gesenkten Kopf, eine leise oder stockende Stimme verrät.

Beispiel für eine Äußerung des Kind-Ich:

„Ich habe heute keine Lust, bis 17 Uhr zu arbeiten".

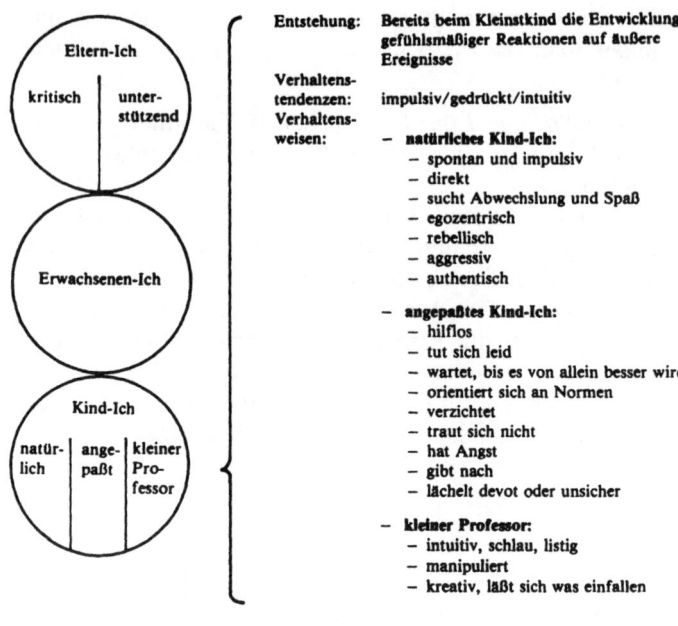

Entstehung:	Bereits beim Kleinstkind die Entwicklung gefühlsmäßiger Reaktionen auf äußere Ereignisse
Verhaltens-tendenzen:	impulsiv/gedrückt/intuitiv
Verhaltens-weisen:	

- **natürliches Kind-Ich:**
  - spontan und impulsiv
  - direkt
  - sucht Abwechslung und Spaß
  - egozentrisch
  - rebellisch
  - aggressiv
  - authentisch

- **angepaßtes Kind-Ich:**
  - hilflos
  - tut sich leid
  - wartet, bis es von allein besser wird
  - orientiert sich an Normen
  - verzichtet
  - traut sich nicht
  - hat Angst
  - gibt nach
  - lächelt devot oder unsicher

- **kleiner Professor:**
  - intuitiv, schlau, listig
  - manipuliert
  - kreativ, läßt sich was einfallen

Abb. 14: Kennzeichen des Kind-Ich (Quelle: *Rüttinger*, 1992)

Das *Erwachsenen-Ich*, vor allem das *unterstützende Eltern-Ich* und das *natürliche Kind-Ich,* sind wesentlich für Unterstützungsprozesse von Mobbing-Opfern. Energien im Kind-Ich erleichtern es, eine Beziehung zum Mitarbeiter aufzubauen. Eine Stärkung des unterstützenden Eltern-Ich hilft dem Vorgesetzten, die Rolle des Helfers und Förderers einzunehmen. Ein stark ausgeprägtes Erwachsenen-Ich erleichtert es ihm, gemeinsam mit dem Mitarbeiter Probleme zu lösen und Entscheidungen zu treffen.

Durch die Erziehung festigen sich bei jedem Individuum ganz persönliche Verhaltensmuster. Dadurch dominiert der eine oder andere Ich-Zustand (EL, ER, KI). Im Umgang miteinander treten diese Ich-Zustände sich gegenüber und lenken die Kommunikation. Damit bestehen Gespräche aus der

146

Sicht der Transaktionsanalyse aus einer Reihe von Austauschprozessen zwischen den Ich-Zuständen der Beteiligten (Transaktionen). Transaktionen können einfach sein, z. B. zwischen zwei Ich-Zuständen, oder auch sehr komplex, etwa dann, wenn mehrere Ich-Zustände daran beteiligt sind.

Hierbei werden drei *Formen von Transaktionen* unterschieden:

– Die *Parallel- oder Komplementär-Transaktion.* Sie ist relativ unproblematisch, da eine Äußerung aus einem bestimmten Ich-Zustand eine Antwort aus dem gleichen Ich-Zustand des Gesprächspartners provoziert (Abb. 15).

– *Überkreuz-Transaktionen.* Sie liegen dann vor, wenn beim Gegenüber ein anderer als der angesprochene Ich-Zustand aktiv wird. Diese Transaktionen sind sehr problematisch, da die Beteiligten unterschiedliche Intentionen im Umgang miteinander haben (vgl. Abb. 16).

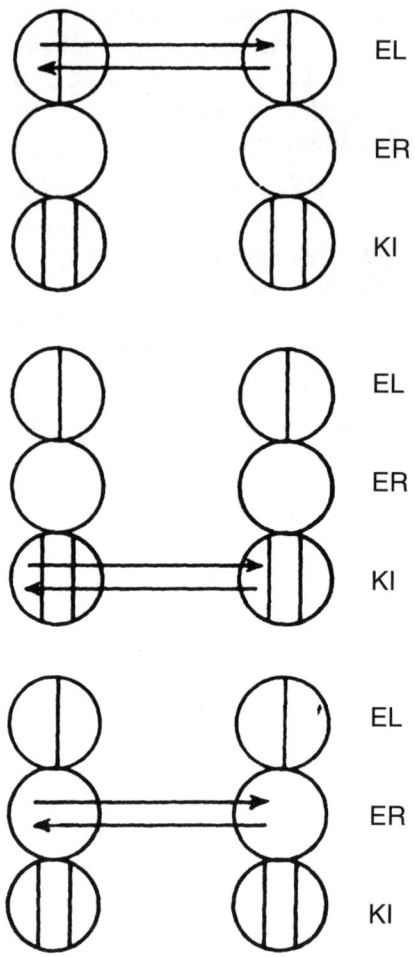

Abb. 15: Parallel- oder Komplementär-Transaktion (Quelle: *Rüttinger*, 1992)

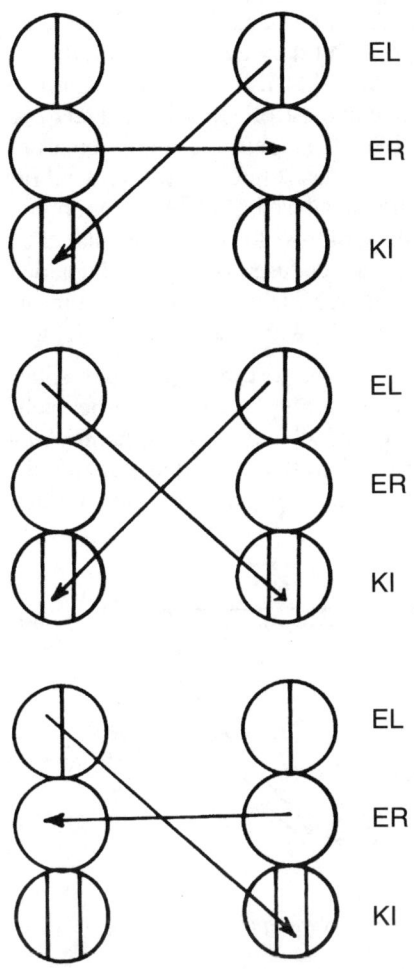

Abb. 16: Überkreuz-Transaktion (Quelle: *Rüttinger,* 1992)

Wie bereits beim Thema „Bossing" deutlich wurde, spielen manche Vorgesetzte „Spiele" mit dem Ziel, dem Mitarbeiter zu beweisen, daß dieser nicht o. k. ist. In unserem negativen Beispiel war der Vorgesetzte in der Rolle des „Verfolgers" (s. S. 87). Damit wurde ein Begriff eingeführt, der, ergänzt um zwei weitere, den „Retter" und das „Opfer", entscheidend für die Relevanz der Transaktionsanalyse ist. Wie beim Mobbing ist der Verfolger-Rolle die Opfer-Rolle komplementär. Die Rolle des „Retters" ist hingegen dadurch gekennzeichnet, daß der Retter es gut mit den anderen meint. Er gibt unaufgefordert Ratschläge und erwartet, daß sich andere danach richten.

Kombiniert man die drei Rollen, so erhält man das sogenannte „Drama-Dreieck". Es ist als *dynamisch* zu bezeichnen, da der Rollenwechsel blitzschnell erfolgen kann. Aufmerksame Leser werden die Parallelen zu den Persönlichkeitstypen von „Tätern" und „Opfer" im Mobbing-Prozeß bemerken (vgl. Abb. 17).

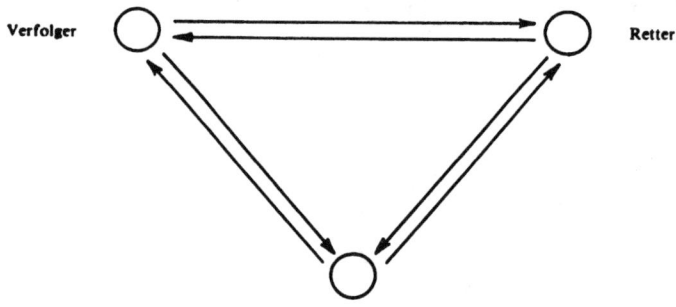

Abb. 17: Drama-Dreieck (Quelle: *Rüttinger*, 1992)

Rüttinger (1985) beschreibt die drei Rollen wie folgt:

- *„Opfer" sind hilflos.* Sie bedauern sich, warten und hoffen, daß sich etwas ändert. Sie geben gerne nach und trauen sich nicht, ihre Bedürfnisse anzumelden. Unbewußt sind sie auf der Suche nach einem „Retter" oder „Verfolger". Verhaltensänderungen weisen sie von sich, da diese

150

sowieso keinen Wert haben, weil sie selbst nichts dafür
könnten. Vorwürfe nehmen sie trotzig zur Kenntnis oder
reagieren verstockt. In ihrer Beziehung zu anderen binden
sie sehr viel psychische Energie, da andere, insbesondere
Retter, sich fast ständig um sie kümmern, aus Angst, das
Opfer schafft es nicht. Häufig ärgern sich die Helfer des
Opfers, weil sie ihnen wieder ‚auf den Leim gegangen‘
sind und das Opfer wieder jede Verantwortung von sich
gewiesen hat.

– *„Retter" sind Personen, die sich permanent für andere
  verantwortlich fühlen und es gut mit ihren Mitmenschen
  meinen.* Sie versuchen Spannungen zu vermeiden, geben
  darauf acht, daß nichts passiert oder vergessen wird. Sie
  geben ungefragt Ratschläge und gehen davon aus, daß sich
  die anderen danach richten. Hilfe vom „Retter" macht den
  anderen nicht selbständiger, sondern abhängig. „Retter"
  erwarten Dank, den sie nicht bekommen. Unterstützen sie
  ein Opfer, wird ihnen dieser Dank ohnehin nicht zuteil, da
  „Opfer" undankbar sind. „Retter" verhalten sich z. T. unbewußt so, daß das „Opfer" Fehler macht und somit erneut
  der Hilfe des „Retters" bedarf.

– „Verfolger" schüchtern ein, greifen in Konfliktsituationen
  an, drängen den anderen in die Ecke, erzeugen Schuldgefühle, ziehen sich bei ihrer Argumentation auf ihre hierar-
  chische Position zurück und gehen auf Distanz zu anderen. Bei zwischenmenschlichen Problemen sehen sie sich
  meist nicht als Teil des Konfliktes. Weil sie dazu neigen,
  genaue Vorschriften zu machen, geben sie anderen, unsi-
  cheren Menschen eine Stütze, da diese sich nur danach zu
  richten brauchen, um sich richtig zu verhalten. Damit unterstützen sie die Bequemlichkeit anderer.

Bei allen drei Rollen handelt es sich um unbewußte Verhaltensmuster, die in der Kindheit angelegt werden. Obwohl wir
im Alltag i. d. R. alle drei Rollen einnehmen, bevorzugen wir
eine bestimmte Rolle.

Beispiel:

Der Vorgesetzte („Verfolger") eines Mitarbeiters („Opfer") betreibt seit geraumer Zeit Bossing. Der Mitarbeiter wehrt sich von Anfang an dagegen. Zunächst in persönlichen Gesprächen, die jedoch nichts fruchten. Dann beschwert es sich nach ein paar Wochen bei der Geschäftsleitung. Er kann das Bossing durch Aussagen ihm wohlgesinnter Kollegen sowie durch Unterlagen belegen. Der Geschäftsführer („Retter") bestellt den betreffenden Vorgesetzten zum Gespräch und konfrontiert ihn mit den Aussagen des Mitarbeiters. Er verweist auf die Unternehmensphilosophie und die im Hause herrschende Führungskultur. Der Geschäftsführer verwarnt den bossenden Vorgesetzten („Opfer") in Gegenwart des Mitarbeiters. Zusätzlich möchte er ihn schriftlich abmahnen. Der Mitarbeiter („Retter") springt dem Vorgesetzten bei und sagt, daß ihm eine Entschuldigung und das Versprechen, wieder einvernehmlich miteinander zu arbeiten, genügt.

Achten Sie als Führungskraft darauf, daß Sie nicht während des Konfliktverlaufes in eine tückische Falle geraten: Wenn Sie als „Retter" aus Unachtsamkeit parteiisch werden und sich gegen den „Verfolger" (Mobber) wenden, könnten Sie selbst zum Verfolger werden. Der Peiniger wäre dann plötzlich in einer Opferrolle und würde sich auch als Opfer fühlen und verhalten. Das Tückische an dieser Verstrickung ist, daß sich der Konflikt dann immer wieder neu generiert und an eine Lösung nicht zu denken ist. Deshalb sollten Sie sich im Zweifelsfall lieber einen neutralen Dritten suchen, der den Prozeß der Konfliktlösung steuert.

5.4 Wenn das Eingreifen durch die Führungskraft zu spät kommt

Wird eine Führungskraft erst auf ein Mobbing-Opfer aufmerksam, wenn es zu spät ist, d. h., wenn das Mobbing-Opfer bereits psychisch oder physisch Schaden genommen hat, bleibt ihr nur noch wenig Handlungsspielraum. Folgende Maßnahmen sind dann sinnvoll:

– für Unterstützung durch professionelle Berater sorgen,
– die Zusammenarbeit mit den Arbeitnehmervertretungen suchen,
– juristische Schritte prüfen.

Zuvor sollte jedoch bei einem identifizierten Täter die *Abmahnung bzw. Kündigung* stehen. Leider ist es oft noch so, daß sich Schikaneure für die Firma unverzichtbar machen und Führungskräfte dazu neigen, sich eher von gemobbten Mitarbeitern zu trennen als von den Tätern. Nur wenn ein Vorgesetzter erkennt, daß mit dem Gehen eines Mobbers Ruhe in den Betrieb einkehrt, die Leistungsfähigkeit der Mitarbeiter wiederhergestellt wird und das Betriebsklima sich wieder erholen kann, wird er auch diese Konsequenz akzeptieren. Da es für einen gepeinigten Mitarbeiter sehr schwer ist, eine Kündigung des Täters durchzusetzen, kommt es auf das konsequente Handeln der Führungskraft an. Im Falle einer Kündigung wird auch die Arbeitnehmervertretung, soweit vorhanden, dieses Vorgehen gutheißen bzw. tolerieren.

Problematische Reaktionen sind *Versetzungen des Peinigers innerhalb des Betriebes*. Dadurch hat der Mobber zwar keine Chance mehr, sein spezielles Opfer zu drangsalieren, wird aber u. U. jede Möglichkeit wahrnehmen, sich am Betroffenen zu rächen. Darüber hinaus zeigt sich immer wieder, daß Schikaneure schnell ein neues Opfer finden.

Das gleiche gilt für eine *Versetzung des Opfers*. Der oder die Täter erreichen damit i. d. R. ihr Hauptziel: Die Person, die im Zentrum von Böswilligkeiten stand, ist endlich weg. Eine Versetzung des Opfers kann nur eine vorübergehende Maßnahme sein, um es aus der Schußlinie zu bringen, bis die Vorwürfe überprüft und ein abschließendes Urteil über den Täter gebildet wurde.

Immer wieder kommt es vor, daß ein von Mobbing Betroffener nach der Aufdeckung seines Leidensweges die Firma verlassen möchte, obwohl er Unterstützung von seiten des Vorgesetzten und der Arbeitnehmervertretung erhält, weil er

„schlichtweg die Nase von dem Laden voll hat". Eine Unterstützung durch den Vorgesetzten könnte in dieser Situation darin bestehen, dem Mitarbeiter die *Hilfe durch einen professionellen Outsourcing-Berater* zu gewähren, der eine „Karriereberatung" durchführt und gemeinsam mit ihm eine Bewerbungsstrategie plant. Dieser Berater unterstützt ihn so lange, bis er eine neue Stellung gefunden hat. Natürlich kann eine Führungskraft auch eigene Verbindungen einsetzen, um einen Mitarbeiter, der durch Mobbing zu Schaden gekommen ist und die Firma verlassen möchte, in eine neue Position zu bringen.

5.4.1 Hilfe durch professionelle Berater

Wenn der Vorgesetzte in seinen Bemühungen, das Mobbing-Opfer zu unterstützen, an Grenzen stößt, sei es aufgrund der bereits eingetretenen psychosomatischen Störungen oder sich etablierter familiärer Schwierigkeiten, ist er auf *professionelle Hilfe* angewiesen. Größere Firmen verfügen über einen Sozialdienst mit professionellen Helfern wie SozialarbeiterInnen oder PsychologInnen.

Andererseits kann sich auch ein gewisser Informationsbedarf auf seiten des Schikanierten gebildet haben, den der Vorgesetzte nicht abdecken kann. Dies können juristische Fragestellungen sein, aber auch das Bedürfnis, mit Betroffenen zu sprechen, die eine ähnliche Situation bereits durchlebt haben. Hier bieten sich *„Mobbing-Beratungsstellen"* an, deren Adressen von den Gewerkschaften, den Kirchen oder Krankenkassen in den jeweiligen Bundesländern vermittelt werden.

Selbsthilfegruppen bieten neben der sozialen Unterstützung den wichtigen Erfahrungsaustausch mit anderen Gepeinigten, aus dem wertvolle Erkenntnisse zu gewinnen sind. Wenngleich in diesen Gruppen keine Mobbing-Experten zu finden sind, die ein weiteres Vorgehen mit dem Opfer planen können, bieten diese Gruppen eine sinnvolle Unterstützung.

Informationen zu Selbsthilfegruppen können von der

Deutschen Arbeitsgemeinschaft für Selbsthilfegruppen e.V.
Friedrichstr. 28, 35392 Gießen
Tel.: 06 41/7 02 24 78

bezogen werden.

Gemeinsam sollten Vorgesetzter und Mobbing-Opfer jedoch
abklären, welcher Beratungsbedarf, juristisch, psychologisch, ärztlich oder sogar psychotherapeutisch, Priorität hat,
um keine kostbare Zeit verstreichen zu lassen. Wichtig ist die
Frage der Kostenübernahme. So manches Opfer von Mobbing hat von Maßnahmen abgesehen, weil die Kostenfrage
nicht geklärt werden konnte.

5.4.2 Zusammenarbeit mit den Arbeitnehmervertretungen

Obwohl viele Vorgesetzte eine „natürliche Gegnerschaft"
zwischen leitenden Angestellten und der Arbeitnehmervertretung empfinden, gilt der Grundsatz der einvernehmlichen
Zusammenarbeit zwischen den betrieblichen Sozialpartnern.
Verständlicherweise haben beide Parteien unterschiedliche
Interessen. So ist die Geschäftsführung i. d. R. an einer Sen-
kung des Krankenstandes und einer Verbesserung des Be-
triebsklimas interessiert. Vertreter der Belegschaft sehen vorrangig den Abbau der Arbeitsbelastungen und die Verbesserung des Gesundheitszustandes des einzelnen Mitarbeiters. Beides sind allerdings im Falle von Mobbing Ursachen für systematische Anfeindungen. Eine vertrauensvolle
Zusammenarbeit zwischen Vorgesetzten von Mobbing-Opfern und den Arbeitnehmervertretungen, wie Betriebs- oder
Personalrat bzw. dem Sprecherausschuß der leitenden Angestellten, ist zum Wohle der schikanierten Mitarbeiter daher
notwendig und stellt einen wichtigen Hebel gegen Schikanen
am Arbeitsplatz dar. Die einschlägigen Paragraphen des Be-
triebsverfassungs- bzw. Personalvertretungsgesetzes schrei-

ben die Zusammenarbeit der Sozialpartner sogar vor. Besonders relevant sind folgende Paragraphen:

§ 75 Betr VG / § 67 Abs. B PersVG.

Diese Paragraphen verpflichten Betriebs-/Personalrat und Arbeitgeber dazu, in der Organisation darüber zu wachen, daß alle Mitarbeiter nach den Grundsätzen von Recht und Billigkeit behandelt werden. In erster Linie sollen Ungleichbehandlungen von Personen wegen ihrer Abstammung, Religion, Nationalität, Herkunft, politischen oder gewerkschaftlichen Betätigung oder Einstellung oder wegen ihres Geschlechts unterbunden werden. Sie sollen weiter eine Benachteiligung von Mitarbeitern wegen der Überschreitung bestimmter Altersgrenzen verhindern und die freie Entfaltung der Persönlichkeit der in der Organisation Tätigen schützen und fördern.

Versetzungen von Mitarbeitern, die Opfer von Anfeindungen geworden sind, und in deren Fall eine Intervention durch den Vorgesetzten keine spürbare Verbesserung bringen würde, etwa dann, wenn eine ganze Gruppe sich gegen das Opfer stellt, sind bei einer guten Zusammenarbeit mit den Verantwortlichen der Arbeitnehmervertretung leichter zu verwirklichen.

5.4.3 Juristische Lösungsansätze

Am Arbeitsplatz gelten die gleichen Persönlichkeitsrechte wie andernorts. Das bedeutet, daß Belästigungen und Beleidigungen eines Arbeitnehmers an seinem Arbeitsplatz Eingriffe in seine Persönlichkeitsrechte darstellen. Diese Rechte sind im Grundgesetz verankert (Art. 1, 2 Abs. 2 GG). Grundrechte werden durch Mobbing verletzt. Kränkungen und Beleidigungen verletzen die persönliche Ehre (Art. 5, Abs. 2 GG). Bei Körperverletzungen ist das Recht auf körperliche Unversehrtheit betroffen. Dieses ist in Art. 2, Abs. 2, Satz 1 GG beschrieben. Art. 2 Abs. 1, Abs. 2, Satz 2 GG regelt das Recht auf freie Entfaltung der Persönlichkeit. Dieses wird z. B. durch Drohungen,

Nötigungen und Freiheitsberaubungen beeinträchtigt (vgl. *v. Hoyningen-Huene*, 1991).

Die Kenntnis der rechtlichen Zusammenhänge ist für den Vorgesetzten wichtig, da in hartnäckigen Fällen, bei denen eine Führungskraft zu keiner vernünftigen Problemlösung kommt, der Hinweis auf die Strafbarkeit bestimmter Handlungen bereits Wunder bewirken kann. Die meisten Drangsaleure sind sich der Strafbarkeit ihrer Handlungen gar nicht bewußt. Allerdings dürfen der Vorgesetzte oder das Opfer, welches auf Rat der Führungskraft einen Strafantrag androht, keine „leeren Drohungen" ausstoßen, da der Mobber Revanche suchen könnte (vgl. *Deubler,* 1995).

Das Beschreiten des Rechtsweges ist sicher eines der letzten Mittel, um Mitarbeiter gegen Psychoterror am Arbeitsplatz zu schützen, allerdings auch ein sehr wirksames. Erst wenn alle anderen Möglichkeiten der Problemlösung gescheitert sind, sollte daher zu diesem Mittel gegriffen werden.

5.4.4 Was tun, wenn die Führungskraft selbst von Mobbing betroffen ist?

Wenn Sie sich selbst Angriffen ausgesetzt fühlen, sollten Sie rasch und angemessen, nicht zu spät und heftig reagieren. Weisen Sie den Angreifer in seine Grenzen. Agieren Sie klar und eindeutig. Das fängt bei der Wahrnehmung an: Wenn z. B. die KollegInnen einen „überfreundlichen" Eindruck machen oder hin und wieder Bemerkungen fallen lassen, die sie auch noch Tage danach beschäftigen, oder wenn sie nach „vertraulichen Gesprächen" ein „ungutes Gefühl" haben. Was der Verstand nicht gleich versteht, versuchen unsere Gefühle zu fassen. Sie sind eine Art „Frühwarnsystem", auf das man sich verlassen sollte. Sprechen Sie frühzeitig mit Kollegen, zu denen Sie Vertrauen haben, über Ihr Problem. Pflegen Sie Freundschaften und Teamgeist dort, wo es möglich ist. Lassen Sie sich nicht durch bösen Tratsch von den wenigen Menschen abbringen, die Ihnen wichtig sind. Ohne „soziales

Netz" am Arbeitsplatz und Rückhalt durch KollegInnen ist man sonst sehr schnell auf dem Abstellgleis.

Suchen Sie Ausgleichsaktivitäten in Ihrer Freizeit. Tauschen Sie sich auch mit Ihrem Partner/ Ihrer Partnerin über diese Themen aus, aber „wälzen" Sie nicht ständig Ihre Probleme. Mal abschalten und etwas Erfreuliches tun, bringt wieder neue Energien zurück.

Aufgrund Ihrer Position haben Sie bessere Möglichkeiten, sich gegen mobbende Mitarbeiter zur Wehr zu setzen als andere. Nutzen Sie diese Chance! Unterliegen Sie Bossing, so haben Sie die Möglichkeit, im Kreis der Führungskräfte Unterstützung zu finden. Sinnvoll ist es allerdings, zunächst Ihre Beobachtungen mit Ihrem Vorgesetzten zu besprechen. Vielleicht mobbt er, ohne es bewußt zu reflektieren. Ist dies nicht der Fall ist, sollten Sie nicht länger zögern, die Geschäftsleitung, den Sprecher der leitenden Angestellten oder den Personal- bzw. Betriebsrat in Kenntnis setzen.

Wenn alle Ihre Bemühungen, den Mobbingkonflikt zu lösen, ohne Erfolg bleiben, dann wird es höchste Zeit, sich über eine neue Position Gedanken zu machen. Warten Sie nicht, bis Magengeschwüre oder ein Herzinfarkt die „Treibjagd am Arbeitsplatz" beenden.

6. Wie kann der Vorgesetzte Mobbing vorbeugen?

Obwohl in der Anfangsphase von Konflikten und Mobbing die Anzeichen dafür oft nur schwach ausgeprägt sind, sollte eine Führungskraft ihren Blick schärfen, um harmlose Zwistigkeiten von beginnenden schweren Konflikten unterscheiden zu können. Dazu ist es notwendig, sich als Vorgesetzter mit seinen Mitarbeitern auseinanderzusetzen, ihre Bedürfnisse, Verhaltensweisen und Eigenheiten zu kennen, um Veränderungen überhaupt bemerken zu können. Abweichungen können so am ehesten registriert werden. „Klimakatastrophen" werden am besten vermieden, indem Führungskräfte sich permanent um das Betriebsklima kümmern. Führen im Sinne des „Sich-selbst-und-andere-organisieren", des Förderns und „Pflegens" von Mitarbeitern bietet die beste Gewähr dafür.

Grundsätzlich kann, wie bei der Intervention, an drei Punkten angesetzt werden, an den Strukturen, an den *TäterInnen* und an den *Opfern*.

6.1 Prävention auf der strukturell-organisatorischen Ebene

Über das Mobbing-Phänomen aufklären. Informationen zum Thema Mobbing sind für eine Sensibilisierung der Belegschaft wesentlich. Nur wer weiß, in welchen Verkleidungen Mobbing auftritt, wie es sich auswirkt und was das Verhalten der TäterInnen bestärkt, kann das Phänomen auch wahrnehmen. MitarbeiterInnen müssen Kriterien an die Hand bekommen, um feindselige KollegInnen und Vorgesetzte rechtzeitig identifizieren zu können, die Mobbing betreiben.

Entwickeln Sie eine „Streitkultur" im Unternehmen. „Harmonie am Arbeitsplatz" klingt gut, „gekonnt streiten" ist jedoch weitaus besser. Konflikte gehören zum Arbeitsalltag und sind an und für sich nichts Schlimmes. Problematisch werden sie nur, wenn sie verdrängt oder „faule Kompromisse" gesucht werden. Um Mobbing, Bullying und Bossing vorzubeugen, ist es nützlich, dafür zu sorgen, daß:

– klare und gut funktionierende, organisatorische Abläufe vorhanden sind,
– die Mitarbeiter aufgefordert werden, ihre Meinungen einzubringen, auch wenn diese nicht konform sind,
– Meinungsverschiedenheiten sachlicher und emotionaler Art ernstgenommen und bearbeitet werden,
– die Mitarbeiter auch über persönliche Ziele und berufliche Entwicklungswünsche befragt und gehört werden.

Regelmäßige Mitarbeitergespräche. Die Zusammenarbeit zwischen Vorgesetztem und Mitarbeiter ist im wesentlichen durch das Gespräch geprägt. Das Gespräch mit dem Mitarbeiter wird häufig als *das* wichtigste Führungsmittel angesehen. In erster Linie dient es

– der Konsensbildung,
– der zielorientierten Führung des Mitarbeiters sowie
– einer sozialverträglichen Konfliktlösung im Leistungsprozeß.

Das Gespräch zwischen dem Vorgesetzten und dem Mitarbeiter an sich hat schon einen entsprechenden Wert, wenn beide offen miteinander reden. Positive Auswirkungen im Sinne der Mobbing-Prävention ergeben sich, wenn Gespräche *regelmäßig* geführt werden, da dann ein rechtzeitiges Eingreifen durch den Vorgesetzten möglich wird.

Personalauswahl. Die gezielte Auswahl von neuen Mitarbeitern bietet die Chance für das Unternehmen, potentielle Mobbing-Täter bzw. Mobbing-Opfer rechtzeitig zu erkennen. Analysen von Bewerbungsunterlagen und Lebenslauf, strukturierte Bewerberinterviews oder psychologische Eignungsuntersuchungen ergeben eine Fülle von Hinweisen auf das Vorhandensein von früheren Problemen an anderen Arbeitsplätzen bzw. Persönlichkeitseigenschaften. Dadurch ergeben sich gute Prognosen für die Wahrscheinlichkeit eines erneuten Auftretens der problematischen Verhaltensweisen bzw. lassen sich Vorbehalte gegenüber dem/der BewerberIn ausräumen. Auch können bei ehemaligen Mobbing-Opfern von Anfang an stützende und aufbauende Maßnahmen eingeplant werden, die den Einstieg in die Organisation absichern.

Karriereförderung/Personalentwicklung. Karriereförderung bezieht sich auf Handlungen, die der einzelne Mitarbeiter allein oder in Zusammenarbeit mit anderen unternimmt, um seine Karriere auf besondere Weise zu fördern. Verwendet der Betrieb nur mangelnde Aufmerksamkeit auf die Karriereförderung des einzelnen, kann es zu betrieblichen Fehlfunktionen, etwa durch nachlassende Leistung, innere Kündigung, hohe Fluktuation usw. kommen. Aus der Sicht des Mitarbeiters sind schlechte Wahl- und Entscheidungsmöglichkeiten für das berufliche Weiterkommen streßauslösend, spannungs- und konfliktreich. In der Folge davon breitet sich Neid auf diejenigen aus, die die Chance haben weiterzukommen. Eine durchdachte Personalentwicklung ist daher eine der besten Vorbeugemaßnahmen gegen Mobbing (*Brinkmann*, 1993).

Kontaktstelle für Betroffene. Da Mobbing-Opfer nicht immer die Kraft aufbringen, sich beim Vorgesetzten auszusprechen bzw. MitarbeiterInnen um Hilfe zu bitten, ist eine *neutrale Person,* die sich um das Opfer kümmert, durchaus sinnvoll. Große Betriebe, die über einen Sozialdienst verfügen und auf ausgebildete SozialarbeiterInnen zurückgreifen können, finden in diesen Personen ideale Ansprechpartner. Natürlich können auch psychologisch geschulte Mitarbeiter offiziell diese Funktion übernehmen.

Schlichtungsmodelle. Huber (1993) schlägt zur Prophylaxe von Mobbing sogenannte Schlichtungsmodelle vor. Danach gilt *unternehmensweit* die Maßgabe, Konflikte zwischen Mitarbeitern durch den *direkten Vorgesetzten* schlichten zu lassen. Können zwei KollegInnen einen Konflikt nicht aus eigener Kraft lösen, müssen sie sich an den direkten Vorgesetzten wenden. Dieser ist *verpflichtet*, sich mit den Konfliktparteien zusammenzusetzen und eine Lösung herbeizuführen. Gelingt ihm dies nicht, ist der *nächsthöhere Vorgesetzte* einzuschalten. Dieser wiederum muß sich für eine der Parteien entscheiden und darf *keinen Kompromiß* finden. Der Knackpunkt an diesem Modell ist das Damoklesschwert, in „zweiter Instanz" verlieren zu können, das über den Kontrahenten schwebt. Dadurch steigt die Wahrscheinlichkeit für einen Kompromiß in der „ersten Runde".

Partizipativer Führungsstil des Vorgesetzten. Tätigkeiten müssen es Mitarbeitern erlauben, einen ausreichenden Handlungsspielraum und Autonomie zu empfinden. Nur Mitbeteiligung an Entscheidungen und Autonomie in bestimmten Grenzen befähigt die Mitarbeiter, ihre Energien richtig zu kanalisieren und sie damit nicht für negative psychologische Spiele zu verwenden.

Wie kann mitbestimmungsorientiertes Führen in einer Organisation umgesetzt werden?

Grundsätzlich gilt: Die Verantwortung trägt der Vorgesetzte, und diese kann ihm niemand abnehmen!

Aber: Vorgesetzte sollten ihren Blick dafür schärfen, in welchen Situationen und unter welchen Bedingungen mitbestimmungsorientiertes Führen durchgeführt werden kann, damit es zu positiven Effekten führt. Mitbestimmungsorientiertes Führen hat nur dann einen Sinn, wenn es mit Mitarbeitern praktiziert wird, die an einer Mitbestimmung auch Interesse haben und sich an Entscheidungen beteiligen wollen. Dazu gehört die Bereitschaft und Fähigkeit, Bedürfnisse zu

162

artikulieren und die Konsequenzen der mitbestimmten Entscheidungen kurz- und langfristig auch zu durchdenken.

Mitarbeiter-Coaching. Unternehmen werden zukünftig nur Wettbewerbsvorteile erzielen, wenn es ihnen gelingt, die Qualifikation, die Motivation und das Engagement ihrer Mitarbeiter zu steigern. Wie können Mitarbeiter unterstützt werden, sich persönlich sowie fachlich weiterzuentwickeln und damit eine hohe Arbeitszufriedenheit auszubilden? An Führungskräfte werden in diesem Zusammenhang verstärkt Erwartungen herangetragen. Vorgesetzte sollen Partner bei der Entwicklung von Mitarbeitern und Qualifizierungshilfe sein. Dazu wird vermehrt die amerikanische „Urform" des Coaching eingesetzt, d. h., der direkte Vorgesetzte wirkt als Coach des Mitarbeiters. Beim Mitarbeiter-Coaching geht es schwerpunktmäßig um Coaching im Sinne der Hilfe zur Selbsthilfe durch den Vorgesetzten, um Selbstorganisationsprozesse, das Lösen von Wahrnehmungsblockaden und -verzerrungen. Im Kontext mit der Mobbing-Problematik geht es darum, Fähigkeiten von Mitarbeitern, sei es als Einzelperson oder Team, für die Bewältigung von Arbeitsanforderungen zu optimieren, das Lösen von Problemen effizienter zu gestalten und damit dem Psychoterror vorzubeugen (*Brinkmann*, 1994).

Betriebsvereinbarungen zur Abmahnung von Mobbern. Wirkung zeigen Vereinbarungen zwischen Betriebsrat und Unternehmensleitung in bezug auf Abmahnungen von schikanierenden Mitarbeitern. Dieser demonstrative Schritt von Arbeitgeber und Arbeitnehmervertretung, dessen Grundlage die Fürsorgepflicht des Arbeitgebers ist, sollte im Betrieb bekanntgegeben werden. Gleichzeitig sind die Handlungen, die zu einer Abmahnung führen, klar zu benennen.

6.2 Personalpflege als Präventionsfaktor

Unter *Personalpflege* wird eine Philosophie des Managements verstanden, die darauf abzielt, allen Mitarbeitern auf dem Wege der Gesunderhaltung, Arbeitszufriedenheit und Corporate Identity eine gute Leistungsfähigkeit und Beanspruchbarkeit bei zugleich angemessenen Belastungen, sicheren Arbeitsverhältnissen und möglichst geringen gesundheitsschädigenden Einflüssen zu vermitteln. Anders ausgedrückt und auf die Personalpolitik abgestimmt: Firmen, die Personalpflege betreiben, bemühen sich um den gesunden Mitarbeiter im gesunden Unternehmen (*Brinkmann*, 1993).

Damit werden *individuelle und strukturelle* Gegebenheiten des Arbeits- und Lebensumfeldes des einzelnen Mitarbeiters berücksichtigt. Für die Mobbing-Problematik ist die Erkenntnis der Interaktionsforschung wichtig, die Verhalten allgemein vor allem durch die Wechselwirkungen zwischen Person und Umwelt zustandekommen sieht. Für das Arbeitsverhalten sind die Wechselwirkungen zwischen *Person, Arbeitssituation* und *Organisation der Arbeit* (Ablaufpläne usw.) wesentlich. Zur Vermeidung von Mobbing, verursacht durch Distreß, Arbeitsüberlastung, Ärger durch falsches Führungsverhalten u. a. können die Verantwortlichen einen großen Beitrag leisten, indem sie strukturelle Bedingungen verbessern. Insbesondere sollten sie

- mehr Selbstregulation zulassen,
- Arbeits- und Produktionsabläufe optimieren,
- eine positive Führungskultur schaffen,
- Eigeninitiative fördern,
- Teamarbeit unterstützen,
- Zeit- und Termindruck verringern u. a. m.

Betriebliche Bedingungen stellen ein um so größeres Risiko für Mobbing dar, je geringer die Möglichkeiten der betroffenen Mitarbeiter sind, sich dieser Belastungen zu erwehren.

164

6.3 Durchdachte Einführung neuer Mitarbeiter

Mitarbeiter, die eine Tätigkeit aufnehmen, kommen bei mangelnder Vorbereitung des Vorgesetzten, schlechter Vorplanung des Einsatzes, unzureichender Information der KollegInnen und evtl. in Ermangelung eines geeigneten Arbeitsplatzes nicht nur in eine *Rollenunsicherheit*, sondern bieten auch Angriffsflächen für Mobbing (*Zeiher*, 1995).

Da die Einarbeitungsphase im Regelfall mit der Probezeit zusammenfällt, kommt ihr zusätzlich eine wichtige Bedeutung zu. Gleichzeitig dient diese Phase auch der Vermittlung fachlicher Fertigkeiten und unternehmenskultureller „Sitten und Bräuche" und stellt damit für den neuen Mitarbeiter eine ausgeprägte Lernphase dar (*Musolesi* u. *Brinkmann*, 1993). Das Erlernen des spezifischen sozialen Miteinanders (betriebliche Sozialisation) stellt dabei die Basis für den Lernprozeß auf fachlicher Ebene dar. Damit haben *Paten* eine wichtige Funktion. Sie nehmen den neuen Mitarbeiter sozusagen an die Hand und sorgen dafür, daß dieser sich schnell und mit Freude in der Organisation „einlebt".

Mitarbeiter sind i. d. R. gern bereit, eine „Patenschaft" zu übernehmen, da sie meist aus eigener Erfahrung wissen, wie wichtig diese erste Zeit für einen „Neuen" ist.

Einarbeitungspläne haben den Vorteil, daß man sie für nachfolgende Einarbeitungsprozesse (der gleichen Position) wieder als Grundlage heranziehen kann. Sie müssen allerdings von Zeit zu Zeit angepaßt werden. Gerade bei Stellen, die immer wieder einmal neu besetzt werden müssen, ist die Erarbeitung solcher Strukturen eine lohnende Investition.

Um dem neuen Kollegen einen ersten Überblick über das Gesamtunternehmen zu ermöglichen, haben sich sogenannte *Begrüßungsunterlagen* bewährt. Es handelt sich um Unterlagen über das Unternehmen, die allgemeine Informationen geben. Dies sind der aktuelle Geschäftsbericht, die Unternehmens- und Führungsgrundsätze, Organigramme, die Stellenbeschreibung, das Anforderungsprofil der Stelle und andere wichtige Informationen.

Nachfolgend finden Sie ein grobes Ablaufschema. Es kann an die Besonderheiten Ihres Unternehmens angepaßt werden (*Zeiher*, 1995):

1. Bestimmung der Verantwortlichkeiten
2. Arbeitsplatz vorbereiten
3. Kommunikation mit dem neuen Mitarbeiter
4. Information bei Arbeitsantritt
5. Abstimmung der individuellen Vorgehensweise
6. Zusammenstellung eines Terminkalenders
7. Umsetzung der Einarbeitungsmaßnahmen
8. Zwischen-Feedbacks
9. Abschlußgespräch
10. Einarbeitungscontrolling

Natürlich sollte die Einführung nicht übertrieben und auch nichts beschönigt werden, aber eine systematische Einführung – und das nicht nur am ersten Tag – ist im Sinne einer effektiven Mobbing-Prophylaxe notwendig.

7. Die betriebs- und volkswirtschaftlichen Dimensionen des Mobbing

Der „stille Krieg" am Arbeitsplatz verursacht starke Reibungsverluste im Unternehmen. Psychische Energie der Beteiligten wird gebunden und kann nicht zur betrieblichen Zielerreichung eingesetzt werden. MobberInnen verbrauchen viel Energie für die Verfolgung ihrer Ziele. Diese fehlt natürlich an anderer Stelle, was zu einer Leistungsminderung und zu erhöhter Fehlerneigung führt. Das trifft auch auf die „unbeteiligten" KollegInnen zu, die ihre Leistungsfähigkeit in einem Klima mit Spannungen ebenfalls nicht mehr voll entfalten können. Schätzungen gehen davon aus, daß jährlich 30 Mio. DM direkt und indirekt durch Psychoterror am Arbeitsplatz der Volkswirtschaft verloren gehen.

Leymann (1993) geht davon aus, daß Berufstätige mindestens einmal in ihrem Arbeitsleben unter Mobbing durch Kollegen oder Vorgesetzte leiden. *Direkte Kosten* entstehen vor allem durch Fehl- und Krankheitszeiten aufgrund von psychosomatischen Beschwerden, hervorgerufen durch den Terrorstreß. Diese sich häufig über Wochen und Monate hinziehenden Fehlzeiten dauern um so länger, je länger das Mobbing anhält. Ausfallzeiten summieren sich zu immensen Kosten auf, die von Personalpraktikern auf bis zu 100 000 DM pro Mobbing-Opfer taxiert werden. Depression, Suchtverhalten und die häufig bestehende Selbstmordgefahr lassen das Leistungsniveau in der Spätphase des Terrors am Arbeitsplatz beim Betroffenen schließlich fast auf Null sinken. Aber auch der Angreifer verbraucht psychische Energien, die er für das Ausdenken und Umsetzen seiner Intrigen und Gemeinheiten benötigt.

Die Auswirkungen der nur *indirekt bilanzierbaren Folgen* „der Treibjagden am Arbeitsplatz" sind meist bedeutender.

Sie schlagen sich in einer geringen Arbeitszufriedenheit der Mitarbeiter, „innerer Kündigung", einem mangelnden Wohlbefinden und einem allgemein schlechten Betriebsklima nieder. In erster Linie sind hier folgende Punkte zu nennen:

- geringe Leistungsmotivation,
- niedrige Produktivität,
- mangelndes Kostenbewußtsein bezüglich Material, Maschinen usw.,
- schlechte Qualität der Produkte und Dienstleistungen,
- geringe Lern- und Veränderungsbereitschaft,
- Absentismus und Fluktuation.

Nur wenige Forscher befassen sich mit der Frage der wirtschaftlichen Auswirkungen des Mobbing und verwandter Formen des Psychoterrors. Beispielhaft seien hier einige Studien und ihre Ergebnisse dargestellt:

Einarsen u. *Raknes* (1991), zwei norwegische Wissenschaftler, fanden in einer Befragung von 2141 ArbeitnehmerInnen signifikante Zusammenhänge zwischen Mobbing und Krankenstand. 2,8 % der Befragten antworteten, daß sie mehrere Male wegen schikanösem Verhalten von KollegInnen und Vorgesetzten der Arbeit fern blieben. Ausgedrückt in Krankheitstagen ergab sich für schikanierte Frauen mit durchschnittlich 23,14 Tagen zu nichtgemobbten KollegInnen mit 9,2 Tagen ein um ca. 14 Tage erhöhter Krankenstand. Dabei ergaben sich geschlechtsspezifische Unterschiede dahingehend, daß Frauen durch das Erlebnis, gemobbt zu werden, stärker betroffen waren als Männer.

Der Australier *Toohey* (1991) berichtet in einer Studie über mehr Kurz- und Langzeitkranke unter Mitarbeitern, die Feindseligkeiten im Betrieb ausgesetzt waren.

Über verstärkte Fluktuation von Mitarbeitern, die Schikanen ausgesetzt waren, berichten *Leymann* u. *Sipu* (1989). Eine schwedische Untersuchung ergab für die Analyse von Mitarbeiteraustritten eines Zeitraumes von einem halben Jahr, daß 60 % der Befragten aus eigener Initiative gekündigt hatten und dabei noch finanzielle Einbußen in Form von nichtbezahlter Arbeitslosigkeit in Kauf nahmen, weil sie den Anfeindungen und Böswilligkeiten im Unternehmen nicht mehr gewachsen waren.

Bezüglich der verminderten Produktivität zitiert *Wilson* (1991) einen Bericht des Bureau of National Affairs aus dem Jahre 1990, in dem von 5–6 Mrd. US$ und Jahr gesprochen wird, die durch Mobbing, Bullying und Bossing verloren gehen.

Zusammenhänge zwischen Psychoterror am Arbeitsplatz und dessen finanziellen Auswirkungen sind immer nur geschätzt; insofern kann nicht von gesicherten Zahlen ausgegangen werden. Fehlzeiten und betriebsbedingte Erkrankungen sind eher der Ausfluß eines sehr komplexen Zusammenwirkens vieler Komponenten und können nicht einseitig auf einzelne Faktoren zurückgeführt werden (vgl. *Brinkmann,* 1993).

Maßnahmen, die die Arbeitszufriedenheit und das Wohlbefinden der Belegschaft erhöhen und das Betriebsklima verbessern, greifen nach den Wurzeln von Mobbing und sind die beste Prophylaxe gegen systematische Anfeindungen am Arbeitsplatz.

8. Gibt es bestimmte Branchen mit erhöhter Gefahr für Mobbing?

Die bereits zitierte Untersuchung von *Leymann* (1993), bei der 2500 Personen im Alter von 18–65 Jahren befragt wurden, die in einem abhängigen Beschäftigungsverhältnis standen, ergab hinsichtlich der Branchen und Betriebsarten, daß der Psychoterror in Bildungsinstitutionen wie Schulen und Universitäten stärker verbreitet ist (s. Tabelle 1). Obwohl nur 6,5 % der Befragten dieser Berufsgruppe zuzuordnen sind, ist der Anteil an Mobbing-Opfern mit 14,1 % proportional höher. In Handelsbetrieben zeigt sich ein gegenteiliges Bild: Von den Befragten kommen 11,4 % aus dieser Branche, stellen aber nur 9,5 % der Mobbing-Opfer. Geringe Risiken sind aus den Zahlen für das produzierende Gewerbe, das Gesundheitswesen und Privatunternehmen herauszulesen.

Tabelle 1: Mobbing-Opfer nach Branchen, Funktionen und Betriebsarten (Quelle: *Leymann*, 1993)

	Befragte in %	Betroffene in %
Branchen		
Schule, Universität	6,5	14,1
Handelsbetrieb, Lager	11,4	9,4
Produktionsbetrieb	25,4	21,2
Gesundheitswesen	13,7	11,8
Funktionen		
Verwaltung	9,7	14,1
Ausbildung, Information	6,0	11,8
Produktion	20,6	15,3
Betriebsarten		
Multinationaler Konzern	7,8	14,1
Staatliche Behörde	14,0	17,1
Kommunale Behörde	19,4	22,4
Privatbetrieb	20,5	11,8
Familienbetrieb	10,4	7,1

Grundsätzliche Unterschiede zeigen sich im Umgang mit Konflikten zwischen Angestellten und Arbeitern und damit auch in der Frage, ob systematisch angefeindet wird oder nicht. Während Angestellte eher subtilere Formen wählen, um KollegInnen und Vorgesetzte psychisch zu bekriegen, neigen Arbeiter stärker dazu, ihren Frustrationen freien Lauf zu lassen.

9. Ethisches Verhalten – eine Mobbing-Prophylaxe

Konflikte über den Weg des Mobbing auszutragen bedeutet, sich von der Mitmenschlichkeit verabschiedet zu haben. Wenngleich Philosophen fein unterscheiden, ob z. B. eine Intrige moralisch vertretbar ist, wenn sie dazu dient, ein sonst nicht abwendbares Übel oder eine realistische Gefahr zu vermeiden, etwa bei dem Versuch, sich eines Tyrannen zu entledigen, müssen für die Zusammenarbeit im Arbeitsalltag andere Maßstäbe angelegt werden. Hier darf es keine Entschuldigungen für Menschen geben, die aus dem Bedürfnis nach Macht, persönlichem Vorteil oder reinem Sadismus KollegInnen peinigen und deren Leben z. T. derartig beeinträchtigen, daß ihnen jegliche Lebensfreude abhanden kommt.

Mit Sicherheit führt auch der *Werteverfall* in unserer Gesellschaft zu den Phänomenen Mobbing, Bullying und Bossing. Dieser Werteverfall, der Bestandteil des allgemeinen Wertewandels ist, läßt die sogenannten bürgerlichen Sekundärtugenden, auch preußische Tugenden genannt, wie *Pünktlichkeit, Fleiß, Disziplin, Ordnung und Sparsamkeit* immer stärker in den Hintergrund treten. Egoistische Ziele werden über den Gemeinschaftssinn oder Teamgeist gestellt und führen dazu, daß sich der „Stärkere" durchsetzt. Gerade Führungskräfte sollten sich an die klassischen Primärtugenden erinnern (*Mieth*, 1984). Denn Führen ist zu einem großen Teil *Vorleben*, also Verhaltensmodell sein für Mitarbeiter, und nichts ist schlimmer, als „Wasser zu predigen und heimlich Wein zu trinken". Diese Kardinaltugenden („cardo" = Türangel), so bezeichnet seit dem Mittelalter (*Augustinus, Thomas von Aquin*), sind seit der griechisch-römischen Antike (*Platon, Aristoteles, Cicero, Seneca*) Dreh- und Angelpunkt für das menschliche Miteinander bzw. das gemeinsame Arbeiten, das Sittliche.

Als Kardinaltugenden werden bezeichnet:

- Weisheit,
- Maß/Mäßigkeit,
- Gerechtigkeit und
- Mut.

Was ist im einzelnen darunter zu verstehen?

Weisheit. Hierunter versteht man nach *Grunwald* (1993) Klugheit, Bildung, Urteilskraft oder sogar Wissen. Zu Weisheit wird dies alles jedoch erst durch die Kombination mit Moral. Erst die Verbindung mit einem positiven Menschenbild und der Kenntnis der eigenen Werte und Ziele macht die Weisheit aus.

Maß/Mäßigung. Mäßigung und Maßhalten bedeutet Selbstbeherrschung, Demut und Bescheidenheit. Dies beinhaltet im Zusammenhang mit der Schikane von Mitarbeitern, daß eine Führungskraft in erster Linie durch vorbildhaftes Verhalten Mobbing vorbeugen muß.

Gerechtigkeit. Der Wertepluralismus und -relativismus in unserer Gesellschaft, verbunden mit der Tendenz zur Selbstverwirklichung des einzelnen, macht es Führungskräften schwer, alle Mitarbeiter gleich zu behandeln und gleichzeitig auf deren individuelle Persönlichkeit einzugehen. Zudem bedeutet es immer eine Gratwanderung zwischen den Unternehmens- und Mitarbeiterzielen sowie den eigenen Zielen (*Neuberger*, 1990). Eine permanente Selbstreflexion ist daher notwendig.

Mut. Unter dieser Kardinaltugend wird eine Art „Zivilcourage" verstanden, die der Vorgesetzte benötigt, um entscheiden zu können, was gerecht oder ungerecht, gut oder böse ist, insbesondere wenn es um systematische Feindseligkeiten geht.

Auf der operationalen Ebene ergeben sich aus ethischer Sicht folgende *fünf Handlungsregeln* zur Vermeidung von geplanten Böswilligkeiten:

1. *Die Goldene Regel.* Diese sich in allen Weltreligionen findende „Gegenseitigkeitsregel" hat große Ähnlichkeit mit dem bekannten Sprichwort: „Was du nicht willst, das man dir tu', das füg' auch keinem anderen zu." (*Schmidt*, 1972).

2. *Der kategorische Imperativ.* Als meistdiskutierte Norm sittlichen Handelns ist der kategorische Imperativ des Philosophen *Immanuel Kant* (1724-1804) zu bezeichnen (*Grunwald*, 1993). Er lautet im Original (*Weischedel*, 1956):

   „Handle nur nach derjenigen Maxime, durch die du zugleich wollen kannst, daß sie ein allgemeines Gesetz werde."

   „Handle so, als ob die Maxime deiner Handlung durch deinen Willen zum allgemeinen Naturgesetz werden sollte."

   „Handle so, daß du die Menschheit sowohl in deiner Person, als in der Person eines jeden anderen, jederzeit zugleich als Zweck, niemals als Mittel brauchst."

3. *Das Maximin-Prinzip.* Im Mittelpunkt steht hier folgendes Pflichtgebot:

   „Handle so, daß durch dein Handeln der größte Nutzen beziehungsweise der geringstmögliche Schaden für die größte Anzahl der Betroffenen entsteht."

4. *Die Expertenprüfung.* Hier geht es um den *neutralen* und *sachverständigen Dritten* bzw. auch um *Expertenwissen* in Form von Zeitschriften oder Büchern. Handeln soll demnach nachfolgendem Anspruch gerecht werden:

   „Handle so, daß dein Handeln von unabhängigen Experten als angemessen/richtig/gerechtfertigt befunden würde."

5. *Der Öffentlichkeitstest.* Die vom Philosophen *Hans Jonas* (1903–1993) aufgestellte Forderung des Öffentlichkeitstests beinhaltet das hypothetische Handeln vor einer imaginären Fernseh-Öffentlichkeit:

„Handle so, daß du dich in deinem Gewissen bestätigt weißt, wenn du dein Handeln vor den Fernsehkameras öffentlich zu rechtfertigen hast."

10. Schlußbemerkung

Überall dort, wo Menschen zusammenarbeiten, gibt es Sympathie und Antipathie, Anziehung und Abstoßung. Die zwischenmenschlichen Beziehungen werden auch in Organisationen von Persönlichkeitsmerkmalen einzelner, von Wünschen und Ängsten, Vorlieben und Abneigungen, Forderungen und Ansprüchen geformt. Spannungen und Konflikte entstehen dadurch zwangsläufig. Wie mit solchen Konflikten umgegangen wird, hängt hauptsächlich von der *Unternehmens- und Führungskultur* ab. Die unsinnigste und destruktivste Form der Konfliktaustragung am Arbeitsplatz ist mit Sicherheit Mobbing, Bullying oder Bossing, sie verbreiten sich in Unternehmen immer dann, wenn der Nährboden dafür vorhanden ist. Mißtrauen, wenig Offenheit und Konfliktbereitschaft sowie eine auf Statussymbole und Titel ausgelegte Führungskultur sind ein idealer Humus. Das Phrasendreschen von Vorgesetzten wie „Wir sitzen alle in einem Boot" tut ein übriges, um einen offenen Umgang mit Konflikten zu verhindern. Aber auch mangelnde fachliche oder soziale Anerkennung, starker Wettbewerb zwischen KollegInnen, allgemeiner Leistungsdruck und das Mißachten von Grundprinzipien der Gruppendynamik durch Vorgesetzte bereiten den Boden für „Treibjagden am Arbeitsplatz".

Es ist die Pflicht von Führungskräften, Beziehungen in Teams und Abteilungen bewußt zu beobachten und zu analysieren. Opfer von Mobbing müssen massive Unterstützung durch Vorgesetzte erfahren, und diese müssen ihrerseits ihr Führungsverhalten bewußter reflektieren. Eine offene Kommunikation, die diese Bezeichnung auch verdient, gilt es zu etablieren und mit Leben zu erfüllen. Konflikte sind sozial verträglich auszutragen, und Führungskräfte müssen dabei die Rolle des *Schlichters, Coach und Prozeßberaters* übernehmen. Nur wenn Führungskräfte den Schikaneuren den Boden für ihr unheilvolles Tun entziehen und die geheim gesponnen

Fäden der Intriganten erkennen, werden sie auch lernen, sie zu beherrschen und ihre Mitarbeiter und sich vor dem Prinzip Bosheit zu schützen.

11. Literatur

Althoff, K./ Thielepape, M. (1990)	Psychologie in der Verwaltung. Herford.
Bandura, A. (1976)	Lernen am Modell. Stuttgart.
Berkel, K. (1990)	Konflikttraining. Heidelberg.
Berne, Eric (1975)	Spiele der Erwachsenen, Hamburg.
Blake, R./Shepard, H. A./ Mouton, J.S. (1964)	Managing intergroup conflict in industry. Houston.
Brinkmann, R. D. (1993)	Personalpflege – Gesundheit, Wohlbefinden und Arbeitszufriedenheit als strategische Größen im Personalmanagement.
Brinkmann, R.D. (1994)	Mitarbeiter-Coaching. Der Vorgesetzte als Coach seiner Mitarbeiter. Heidelberg.
Brodsky, C. (1976)	The Harassed Worker. Lexington, MA.
Cohn, Ruth (1979)	Themenzentrierte Interaktion. In: Heigl-Evers, A. (Hrsg.): Psychologie des 20. Jahrhunderts. Zürich.
Deubler, Wolfgang (1995)	Mobbing und Arbeitsrecht. Der Betriebsberater 26/95. S. 1347–1351.
Dorsch, F. (1976)	Psychologisches Wörterbuch. Bern, Stuttgart, Wien.
Eibl-Eibesfeldt, I. (1987)	Grundriß der vergleichenden Verhaltensforschung. München.
Einarsen, S./Raknes, B. (1991)	Mobbing i arbeidslivet. En undersokelse av forekomst og heisemessige konsekvenser av mobbing pa norske arbeidsplasser. Bergen: Forskningssenter for Arbeidsmilijo, Helse og Sikkerhet (FAHS), Unsiversität Bergen.
Glasl, F. (1980)	Konfliktmanagement. Diagnose von Konflikten in Organisationen. Bern.

Gordon, Th. (1982) — Managerkonferenz. Effektives Führungstraining. Reinbek b. Hamburg.

Grunwald, W. (1993) — Führung in den 90er Jahren: Ethik tut not! Zeitschrift Führung + Organisation (zfo), 5/93.

Fröhlich, W.D./ Drever, J. (1981) — Wörterbuch zur Psychologie. München.

Hase, Karl von (1991/92) — Belästigungen und Beleidigungen des Arbeitnehmers durch Vorgesetzte. Universität Heidelberg.

Hesse, J./ Schrader, H.C. (1993) — Krieg im Büro. Frankfurt a. M.

Hofstetter, H. (1988) — Die Leiden der Leitenden. Köln.

Hofstätter, P.R. (1959) — Psychologie. Frankfurt/M.

Hold, B. (1974) — Rangordnungsverhalten bei Vorschulkindern. Homo 25/252–267.

Hoyningen-Huene, G.v. (1991) — Belästigungen und Beleidigungen von Arbeitnehmern durch Vorgesetzte. Betriebs-Berater 46/31.

Huber, Brigitte (1993) — Mobbing. Psychoterror am Arbeitsplatz. Niederhausen.

Jones, E. (1984) — Social stigma. The psychology of marked realtionships. New York.

Kant, I. (1956) — Grundlagen zur Metaphysik der Sitten, Bd.IV, Hrsg. W.Weischedel). Darmstadt.

Kile, S. (1990) — Helsefarlege leiarskap. Ein explorerande studie. Rapport til Norge Almenvitenskapleige Forskningsrad. Universität Bergen.

Klee, Ernst (1974) — Behinderten-Report. Frankurt a. M.

Klee, Ernst (1980) — Behindert. Frankfurt a. M.

Kurtz, H.-J. (1983) — Konfliktbewältigung im Unternehmen. Köln.

Lazarus, Richard/ Folkman, Susan (1984)
Stress, Appraisal, and Coping. New York.

Luthans F. et al. (1985)
What do successfull managers really do? An observation study. Journal of Applied Behavioral Science. 21/255 - 270.

Laux, L./Weber, H. (1993)
Emotionsbewältigung und Selbstdarstellung. Stuttgart.

Leymann, Heinz (1993)
Mobbing. Hamburg

Leymann, H./Sipu (Statens institut för personalutveckling) (1989)
Violens handledarpärm: Vuxenmobb ning mot psykiskt vald i arbetslivet. Uppsala.

Lorenz, K. (1991)
Hier bin ich – wo bist du? Ethologie der Graugans. München.

Meininger, J. (1987)
Transaktionsanalyse. Landsberg.

Meschkutat, B./ Holzbecher, M./Richter, G./ Mänz, M. (1993)
Strategien gegen sexuelle Belästigung am Arbeitsplatz. Konzeption – Materialien – Handlungshilfen. Köln.

Mieth, D. (1984)
Die neuen Tugenden. Düsseldorf.

Mohr, G. (1986)
Die Erfassung psychischer Befindensbeeinträchtigungen bei Industriearbeitern. Frankfurt am Main.

Musolesi, F./ Brinkmann, R. (1993)
Neue Mitarbeiter entwickeln sich positiv, wenn …, io Management Zeitschrift 62/93.

Namuth, Michaela (1993)
Kolleginnen unter sich – ein Vorurteil. Die Mitbestimmung, 1/49–51.

Neuberger, O. (1990)
Führen und geführt werden, 3. Aufl. Stuttgart.

Neuberger, O. (1994)
Mobbing – Übel mitspielen in Organisationen. München.

Neuberger, O./ Kompa, A. (1987)
Wir, die Firma. Psychologie heute. Weinheim.

Niedl, K. (1995)
Mobbing/Bullying am Arbeitsplatz. München und Mering.

Pikas, Anatol (1989) The common concern method for the treatment of mobbing. In: Roland/Erling/Munthe/Elaine (eds.): Bullying: An international perspective. London.

Plogstedt, S./ Übergriffe. Sexuelle Belästigung in
Bode, K. (1984) Büros und Betrieben. Hamburg.

Riemann, F. (1975) Grundformen der Angst. München.

Roethlisberger, F./ Management and the worker. An ac-
Dickson, W. (1956) count of a research program conducted by the Western Electric Company, Hawthorne Works, Chicago. Cambridge (Mass)

Rogers, C.R. (1985) Die Kraft des Guten. Ein Appell zur Selbstverwirklichung. Frankfurt.

Rosenstiel, L.v. (1995) Führungsverhalten: Feststellung – Wirkung – Veränderung. In: Bärbel Voß (Hrsg.): Kommunikations- und Verhaltenstrainings.

Rüttinger, B. (1977) Konflikt und Konfliktlösen. München.

Rüttinger, R. (1992) Transaktions-Analyse. Heidelberg.

Schmidt, K.O. (1972) Das Geheimnis der Goldenen Regel. München.

Schnebele, A./ Sexuelle Belästigung von Frauen am
Domsch, M. (1990) Arbeitsplatz. München und Mering.

Schulz von Thun, F. (1981) Miteinander reden: Störungen und Klärungen, Psychologie der zwischenmenschlichen Kommunikation. Reinbek b. Hamburg.

Seligman, M. E. P. (1975) Helplessness. San Francisco.

Selye, H. (1988) Streß, Bewältigung und Lebensgewinn. München.

Toohey, J. (1991) Occupational Stress: Managing a Metaphor. Dissertation. Sydney: Graduate School of Management, Macquarie University.

Vester, F. (1978)	Phänomen Streß. München.
Walter, Henry (1993)	Mobbing: Kleinkrieg am Arbeitsplatz. Frankfurt/New York.
Watzlawick et al. (1980)	Menschliche Kommunikation, Formen, Störungen, Paradoxien. Bern.
Weischedel, W. (Hrsg.) (1956)	Kant, I. Grundlagen zur Metaphysik der Sitten, Bd. IV, Darmstadt.
Wellhöfer, Peter R. (1993)	Gruppendynamik und soziales Lernen. Theorie und Praxis der Arbeit mit Gruppen. Stuttgart.
Wilson, B. (1991)	U. S. Buisinesses Suffer from Workplace Trauma. In: Personnel Journal, July, S. 47–50.
Zeiher, Dagmar (1995)	Die Einarbeitung neuer Mitarbeiter. Arbeitspapier der GgB-Beratungsgruppe, Stuttgart.
Zeiher, Dagmar (1995)	Mobbing. Arbeitspapier der GgB-Beratungsgruppe, Stuttgart.
Zuschlag, Berndt (1994)	Mobbing. Schikane am Arbeitsplatz. Göttingen.

12. Sachregister

Weitere Bücher von Dr. Ralf D. Brinkmann

Mitarbeiter-Coaching

Der Vorgesetzte als Coach seiner Mitarbeiter

1994, 106 Seiten mit 34 Abbildungen und Tabellen
Arbeitshefte Führungspsychologie, Band 22
ISBN 3-7938-7118-5

Vorgesetzte sollen Partner bei der Entwicklung ihrer Mitarbeiter sein und ihre Qualifizierung unterstützen. Sie sollen als „Coach" des Mitarbeiters auftreten. In diesem Buch geht es schwerpunktmäßig um Coaching im Sinne von Hilfe zur Selbsthilfe durch den Vorgesetzten.

Personalpflege

Gesundheit, Wohlbefinden und Arbeitszufriedenheit als strategische Größen im Personalmanagement

1993, 143 Seiten mit 33 Abbildungen und Tabellen
Arbeitshefte Personalwesen, Band 21
ISBN 3-7938-7087-1

Personalpflege – eine Aufgabe des Unternehmens? Selbstverständlich. Brinkmann stellt eingehend Konzepte zur Einführung von Personalpflege in Organisationen dar und bespricht die Kosten-Nutzen-Aspekte. Für die praktische Umsetzung gibt er breitgefächerte Beispiele.

Sauer-Verlag Heidelberg

Taschenbücher für die Wirtschaft

Sauer-Verlag Heidelberg